Lovely on the Santiago

외로움, 힘껏 껴안다

Lovely on the Santiago

외로움, 힘껏 껴안다

글 · 사진 문종성

어문학사

프롤로그

'청춘, 나를 위해 산티아고를 걷는다'

물이 새는 신발, 비에 젖은 장갑, 두꺼운 외투를 더욱 무겁게 짓누르는 폭우. 도로 한복판에 선 남자는 이 밤, 모든 판단력을 상실한 채 멍하니 자신의 처지를 돌아본다. 방향을 가늠하고자 올려다본 가로등의 오렌지빛이 낮은 조도로 편만하게 흩어진다. 파르르 떨리는 입술 사이로 내뱉어진 허연 입김은 애처로운 연기꽃이 되어 허공 속으로 사라진다. 열은 떨림이 이는 몸에서는 김이 몽실몽실 피고 물비린내가 진동한다.

잠시 소매로 안경을 훔치고 다시 고쳐 쓴다. 젖은 면 소매는 안경알을 더욱 혼탁하게 망쳐놓을 뿐이다. 덕분에 세상은 더욱 불투명해진다. 가야 할 길도, 가고 싶은 길도 도무지 보이지 않는다. 남자는 신음한다. 벌써 네댓 번은 다녀간 길이다. 화이트 아웃 현상도 아닌데 왔던 길을 빙빙 돌다 지쳐 마냥 비만 맞고 그 자리에 얼어붙어 있다.

스멀스멀 복받쳐 오르는 감정을 억지로 눌러본다. 하지만 더욱 거세지는 빗줄기를 오롯이 감당하기란 힘겹기만 하다. 남자는 도리 없이 처참한 '멘탈붕괴'의 순간을 맞는다. 급기야 뱅싯거리기까지 한다. 두려운 건 아무것도 두렵지 않던 자만뿐이었다. 그 호기로 파리에서 남부 보르도 지방까지 열흘 하고도 이틀을 더해 자전거로 거침없이 달려왔다.

하나 자연의 가벼운 재채기에도 힘없이 꺾이고 마는 그런 호기가 남자는 밉살스럽다. 빗방울은 모질게도 뺨에 튀기고 남자의 눈시울은 그만 뜨뜻해진다.

벌써 8시. 이제 그만 호스텔로 갈까, 아니면 조금 더 견뎌볼까, 남자는 심경이 복잡하다. 자만을 자양분으로 삼은 허세가 극에 달할 무렵 자신을 벼랑 끝으로 내몬 것이 생각난다. 무슨 일에든지 바닥을 금방 드러내 보이는 인내와 내공 깊은 우유부단한 성정을 고쳐보겠다며 자신과 약속을 한 것이다. 유럽 여행의 모든 숙박비용을 아껴 아프리카 구호활동에 후원하겠다는 대찬 다짐이다.

지난 5개월을, 겨울 한복판의 유럽을, 자전거 하나에 의지한 채, 남자는 그렇게 혹독하게 다니고 있다. 차라리 풍찬노숙을 택할지언정 레스토랑과 숙소는 절대 이용하지 않겠단다. 때문에 남자는 서운하다. 오늘만은 따뜻한 곳에서 보내볼까 현실과 타협하려는 견결치 못한 태도가 못내 얄밉기만 하다. 자신을 혹독하게 다그치지 않으면 언제나 그랬듯 기가 막히게 그럴싸한 타협점을 찾아낼 것이다. 그렇게 결국 발전 없이 정체할 거란 걸 너무 잘 알고 있다.

차호嗟乎! 비, 참 모지락스레 내린다. 쏟아지는 수만의 물방울 예봉에 따끔거려 그만 고개를 푹 숙이고 몸을 옹송그린다. 독한 현실과 말랑말랑한 환상 사이에서 남자는 비트적거린다. 오전에 들렀던 생장피에드포르Saint Jean Pied de Port를 천천히 그리고 멀찌감치 빠져나온다. 텐트를 치고 하늘의 별을 보며 자려던 로맨틱한 계획은 물거품이 된 지 오래다. 지속적인 피난처는 없다. 다만 오늘 밤을 넘길 안식처가 필요할 뿐이다. 비의 장막 안에 갇힌 남자는 걸음을 멈춘다. 멈추어 잠시 갈한 영혼을 들여다본다.

외로웠다. '항상'보단 적게, '가끔'보단 많은 빈도로 그랬다. 누구에게나 동일한 힘겨운 청춘을 살아 내면서 남부럽잖게 많이 웃고, 또 남 못잖게 많이 울었다. 하지만 오랜 여행에 지쳐가면서 점점 그 감정의 빈틈으로 외로움이 스며들어 왔다. 하루를 땀으로 범벅된 채 달려 와도 '수고 했어' 한 마디 건네는 이 찾아볼 수 없는 공허한 저녁내. 멍하니 지는 노을을 보며 혼자서 의연한 척하기란 얼마나 고약한 연극인가.

'오늘 고생했다, 너 정말 수고했다'는 빤한 인사치레의 말이라도 청춘에겐 다시 신발 끈을 고쳐 맬 용기를 가져다준다. 예쁜 동네를 다녀오면 달뜬 표정으로 설명해 주고 싶고, 마음을 움직이는 인연을 만나면 그 따뜻한 여운을 나누고 싶다. 상처받고 화나면 다독임도 받고 싶고, 가끔은 이게 아닌 걸 알면서도 괜히 삐뚤어지고 싶을 때가 있다. 그런데 남자에겐 지금, 아무도 없다. 좋을 때도, 나쁠 때도, 기쁠 때도, 힘들 때도 그는 늘 혼자였다. 어떠한 감정도 나누지 못하고 혼자 짊어지고 가는 길, 군중 속에 각박한 외로움이다.

눈썹에 떨어진 빗물이 볼을 타고 흐른다. 남자는 문득 콧등이 시큰해진다. 자신은 이렇게 비를 맞고 헤매는데 도로 건너편 레스토랑 안에서 따뜻한 저녁 식사를 나누는 화목한 가족 때문에 시샘이 나 그럴 수도 있다. 자신은 이렇게 추위에 떨고 있는데 모두들 '그 친구는 용기백배하니 이 정도 어려움은 문제없이 이겨 내겠지' 하는 너그러운 무관심 때문일 수도 있다. 하지만 그도 고단하면 기댈 어깨가 필요하다는 것, 그대로 쓰러져도 마음 놓고 안길 누군가의 품이 그리울 때가 있다는 걸 사람들은 몰라준다.

다른 사람들만 사랑하려고 애썼던 시간들, 거기에서 얻어지는 반응으로 나를 달랬던

'사랑한다는 것만큼 즐거운 일이, 놀라운 일이, 감사한 일이 또 어디 있을까?'
호세(Jose)와 아그네스(Agnes) 부부.

의미들, 그래서 누구보다 더 소중해야 할 나를 미처 돌보지 않았던 서운함. 그동안 다른 사람의 마음에 들려고만 했지 정작 나 자신에게는 너무 무심했다. 누군가에게 필요한 자신은 항상 있었으되, 자신에게 필요한 누군가가 있었던 적은 별로 없었다. 자신에게 주는 상처에는 무관심하고, 자신을 바로 보기가 서툴렀기에 외로움 역시 다룰 줄 몰랐다. 이제야 외로움은 누군가의 무관심 때문이 아닌 자신을 제대로 사랑하는 방법을 몰랐던 자기 자신이 무성하게 키워가고 있었음을 남자는 눈치챈다.

남자는 물끄러미 발끝을 본다. 무심히 고인 물을 밟자 작은 파문이 인다. 그 물결에 거칠게 일그러진 자화상을 보니 남자는 자신에게 한없이 미안해진다. 빗줄기는 점점 가늘어지는데 볼을 타고 흐르는 빗물은 굵어진다. 더 이상 따뜻한 숙소도, 따뜻한 식사도 무의미해진다. 진정 따뜻한 마음 나눌 이 하나 없다면 인생은 도대체 무슨 의미일까, 자문해 본다.

'인간은 노력하는 한 방황하는 존재다.'

남자는 괴테가 파우스트를 통해 남긴 말을 되새긴다. 그러면서 묻는다.

'나는 무슨 노력을 하기에 이렇게 방황하는 거지? 아님, 방황해도 될 만큼 합당한 노력을 하고 있는 걸까?'

남자는 이틀을 고민한다. 생장피에드포르에서만 이틀 밤을 보내는 중이다. 무엇이 남자의 발걸음을 이 마을에서 떼지 못하게 만드는 것일까.

그날 밤, 남자는 운명처럼 작은 기적을 경험한다. 어디선가 구원의 목소리가 들린다. 채

광이 끝내주는 전면 유리로 된 전망 좋은 집에서 한 부부가 초대를 제의해 온 것이다. 비 맞은 생쥐 꼴로 방황하는 남자에게 밖은 추우니 일단 안으로 들어오라는 반가운 소리. 프랑스 남부에서 스페인인으로 살아가는 맘씨 고운 호세Jose와 아그네스Agnes 부부의 측은지심을 자극할 만한 이보다 더 좋은 행색이 또 어디 있을까.

언 몸을 따뜻한 샤워로 녹인 후 부엌에 들어서니 수프와 샌드위치, 파스타와 소시지가 할로겐 조명으로 아늑해진 저녁 식탁을 차례대로 채운다. 뒤이어 염소 치즈와 마르멜루marmelo젤리가 쉴 새 없이 나온다. 게다가 부부는 온화하지만 엄한 미소로 귤과 차까지 권한다! 남자는 그들이 자신의 배를 불려 죽일 심산은 아닌지 걱정한다. 호세가 근처 보르도 산 와인과 샴페인, 맥주를 차례로 권하지만 남자는 눈치 없이 그저 콜라만 찾는다.

콜라 한 잔 입에 털어 넣고서 남자는 프랑스에서 가장 인기라는 한 TV 퀴즈쇼에 고정해 두던 시선을 잔으로 옮긴다. 그리고는 자신의 열렬한 열정이 사그라진 것 같다고, 지금 너무 외로워 힘없이 슬프다고 마치 독백하듯 고해성사를 한다. 꿈과 사랑, 미래와 열정, 감동과 도전, 이런 무형의 것들에 숨겨진 보석이 있을 거라 굳게 믿으며 세계 일주를 해 왔단다. 그러다 서른이 넘고, 현실을 보고, 자신을 보니 뭔가 잘못되진 않았는지 슬슬 조바심이 생긴단다. 호세도 TV로 향해있던 시선을 거두고 맥주 한 잔 입에 털어 넣는다. 그리고 남자에게 제안한다.

"여기까지 왔는데 카미노 데 산티아고Camino de Santiago를 그냥 지나치기엔 너무 아쉽지 않겠나? 혹 자전거 타고 피레네 산맥을 넘어 그냥 마드리드로 가더라도 상관없지. 하나 중요한 건 말일세, 생각을 정리할 시간, 온전히 그대 자신을 위한 시간, 어찌 됐건 혼자만의

시간이 필요하다는 거야."

"지금까지 혼자였는데 또 혼자만의 시간이 필요한가요?"

남자의 물음에 소파 깊숙이 몸을 파묻던 그가 테이블로 바짝 붙어 앉는다. 피우던 담배를 재떨이에 구겨 끄고선 구글 번역을 이용해가며 나직한 톤으로 대꾸한다.

"혼자만의 시간은 많으면 많을수록 좋은 거야. 누구도 네 고민에 대해 명확하게 답해줄 수 없을뿐더러 심지어는 관심조차 없거든. 맞아, 산다는 건 끊임없이 외로움에 대항하는 거지. 자신을 제대로 볼 수 있는 건 결국 자신 아니겠나? 서두르지 말고, 시간을 가져 봐. 나라면 당장 어떤 핑계라도 좋으니 신 나게 여행이나 떠나고 싶구먼. 와이프만 허락한다면 말이야, 허허허."

'내 고민에 대해 함께 걱정해주고, 위로해 주던 사람들이 있었노라'고 남자는 목울대를 세우려다 그것이 대개는 지속적인 순간이 아니었음을 알고 도로 목으로 삼킨다. 대신 남자는 산티아고 순례의 가치를 다시 저울질하기 시작한다. 사실 생장피에드포르에서 머뭇거린 이유도 이 때문이다. 너무 유명해져 이젠 식상한 길이지만, 분명 묵상이 필요한 시점엔 적절한 순례 코스로 손색이 없다. 남자는 어쩌면 호세에게서 은근히 기대했는지 모른다. 그 길을 갈만한 어떤 합당한 근거나 권유로 못 이긴 척 설득당하기를.

늦은 밤 인사를 나누고 침대로 기어 올라간 남자는 쉬이 잠을 이루지 못한다. 어차피 모든 여행길이 다 순례이지 않겠느냐는 마음과 그래도 종교적인 의미가 깃든 거룩한 길은 좀 다르지 않겠느냔 마음의 갈등을 채 매듭짓지 못하고 스르르 곤한 잠에 빠진다. 남자는 '몰라, 내일이면 어떻게든 되겠지.'라는 수천 년 동안 수십억 명의 사람에게 탁월한 비법

으로 추앙받은 호모 사피엔스의 고전적 혜안에 기댈 뿐이다.

1월의 아침, 7시 반인데도 밖은 여전히 캄캄하다. 자욱한 안개가 들판을 덮으면서 음산한 분위기를 연출한다. 호세와 아그네스는 옷매무새를 고치며 대문 밖으로 배웅 나온다. 둘은 남자를 뜨겁게 포옹해 준다. 비는 그친 상태다. 대신 바람이 차다. 남자의 언 볼에 아그네스가 키스를 한다. 호세는 한 번 더 꽉 안아준다. 작별 인사가 계속 길어진다. 그가 다시 남자를 보듬는다. 세 번째다. 호세가 어깨를 토닥거리며 웃는다. "잘 가시게" 한 마디에 담긴 묵직한 의미를 남자는 곱씹는다.

코끝이 찡한 아침, 남자는 좀체 떨어지지 않는 발걸음을 옮겨 생장피에드포르 역으로 향한다. 남자가 소실점으로 사라질 때까지 부부는 들어갈 생각을 않는다. 멀리서 손을 크게 흔드는 모습에 남자는 같이 손을 허공에 가르며 생각한다.

'이 길은 온전히 나를 위한 여행이다. 서른이 넘도록 남들 좋아만 했지 정작 의기소침한 열등감투성이인 나를 좋아해 본 적은 별로 없었던, 미안한 나를 위로하는 여행이다. 외롭더라도 참아내 보자. 이 길이 끝나면 마음의 키가 한 뼘은 자라있는 내가 되길. 문 군, 미안하다, 걸어간다.'

남자는 마침내 겨울 '카미노 데 산티아고Camino de Santiago'를 걷기로 한다. 달포 동안 그는 산티아고 데 콤포스텔라Santiago de Compostela까지 800km에 이르는 길을, 별을 보며 걷는 순례자가 되기로 한다. 그 첫걸음을 생장피에드포르 역에서 시작하려 한다. 그리 쉽지만은 않을 거라며 엄포 놓는 칼바람이 몰아치는 길, 남자는 여전히 품에 남아있는 호세와 아그네스의 온기로 버티며 걷는다.

차례

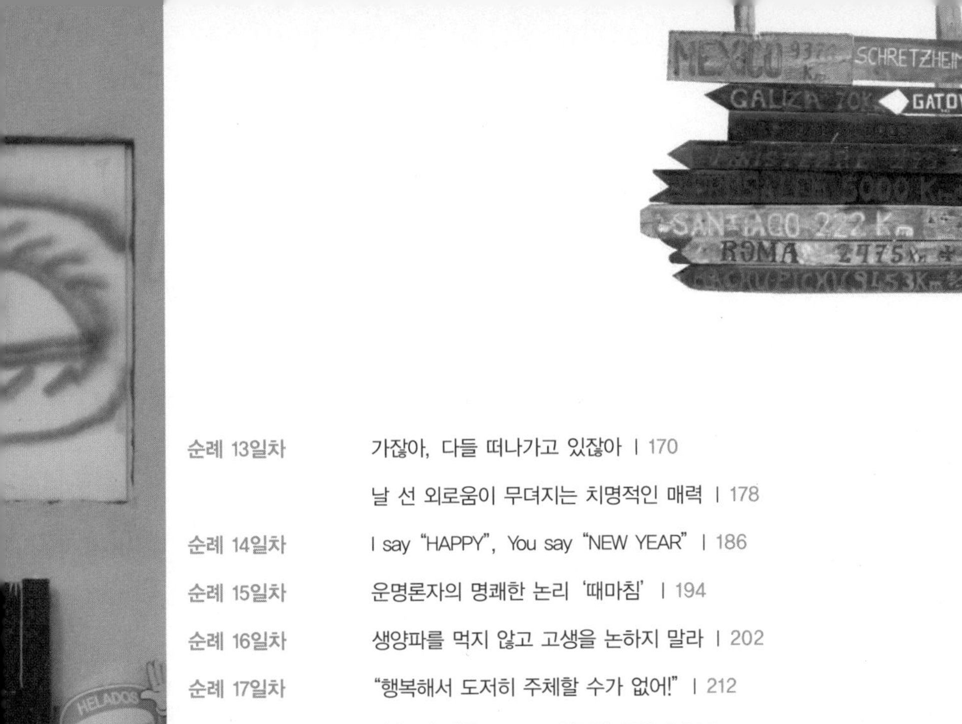
MEXICO
SCHRETZHEIM
GATOVA
SANTIAGO 222 Km
ROMA

계산된 인조감정처럼 자신을 처량하게 만드는 것이 어디 있을까.

누군가 여행을 떠나는 이유를 말한다면

대개는 길에서 느끼는 천연감정의 미학을 이유로 들 것이다.

그 순수의 찰나가 추억이 된다.

숭고함이 녹아든 짜릿한 순간의 파편들이 그리움이 된다.

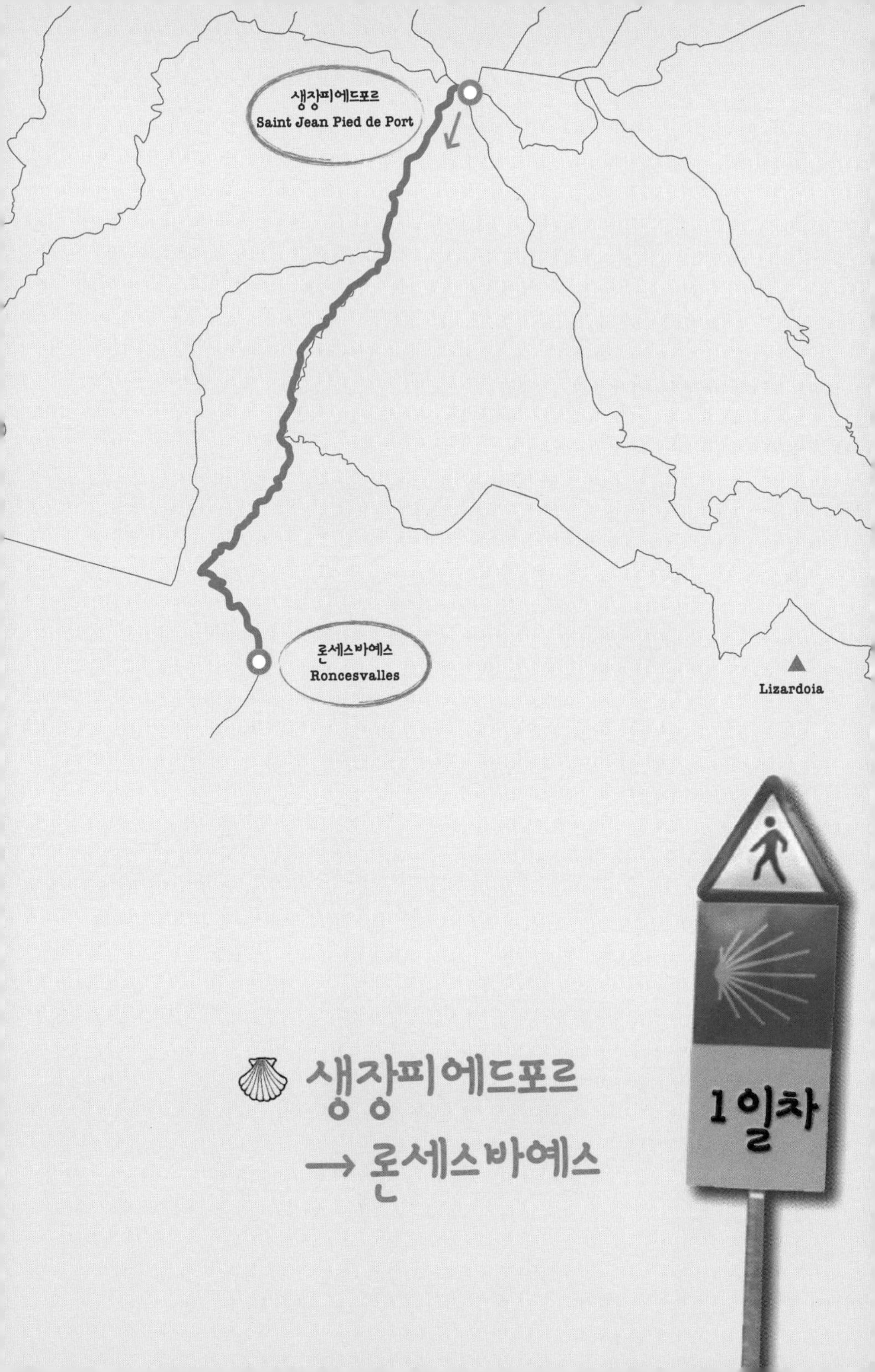
생장피에드포르
Saint Jean Pied de Port
론세스바예스
Roncesvalles
Lizardoia
1일차
생장피에드포르
→ 론세스바예스

또다시 가슴 뛰는 열정, 시작

따뜻한 실내, 안락한 의자, 무선인터넷 사용이 가능한 생장피에드포르 역은 잠시간의 휴식처로는 안성맞춤이다. 남자, 그러니까 이제부턴 문 군Señor Moon이 되겠다. 그는 일단 이곳에서 날이 밝기를 기다리면서 마음과 장비를 재차 점검하기로 한다. 열차 운행이 없는 아침엔 역무원과 그만이 실내 온기를 느긋하게 공유한다.

더 이어질 인연 없이 이제 추억 속에서나 끄집어 볼 얼굴임을 알아채는 순간은 참으로 고약하기 이를 데 없다. 이런 상황은 매번 마음 가누기가 쉽지 않다.

"문 군, 조심히 가게나. 우리 또 보자고. 이곳에 가족이 하나 생겼음을 명심하게."

호세는 문 군에게로 와 가족이 되어 주었다. 역 안에서 홀로 가슴이 먹먹해진 문 군은 그 미소를 떠올리며 마른 손으로 얼굴을 쓸어내린다. 그리고 자신은 그런 그에게 어떤 의미인지 고민한다. 사실, 서로가 막연하게 알고 있지 않겠는가. 삶의 작은 기적이 없는 한 재회의 환희는 없다는 걸.

'SNS'를 통해 지인들의 질투 어린 격려를 확인한 문 군은 아기 미소를 짓는다. 이제부터 단단히 외로워질 테니 그 전에 여유롭게 웃어두기로 한다. 아마 외로움이 밀려올 때면 당분간은 호세 부부에 대한 기억이 항생제 역할을 해 줄 것이다.

8시 50분. 더는 지체할 수 없다. 역 문을 여니 여전히 안갯속이다. 결코 가볍지 않은 한 발짝을 내딛는다. 찬 공기에 닿은 선득한 느낌에 문 군은 자신도 모르게 가볍게 몸을 턴다.

출발점을 역으로 잡았으니 이곳에서부터 시간과 거리가 카운트된다.

'거룩한 여정이 시작되는군.'

삶의 작은 일에도, 여행의 대장정에도 시작하는 한걸음의 소중함을 그는 잘 알고 있다. 새로운 도전에 대한 열망, 주체가 된다는 희망, 불확실한 결과에 대한 긴장이 교차하는 시작이라는 첫 순간은 언제나, 누구에게나 고귀하다. 그래서일까. 800km 순례가 시작되자 목을 가다듬는다. 지금의 가볍지 않은 의미를 잊지 않겠다는 투다. 오른쪽으론 무게 60kg에 이르는 애마 자전거 '양념 반, 프라이드 반(반반이)'이 함께한다.

지금 그에겐 자전거 여행이 도보 여행으로 치환되는 혁명의 순간이다. 페달을 밟아 동력을 추진했던 발은 이제 직접 땅을 딛고 나간다. 헬멧을 썼던 머리엔 체온을 보호해 줄 털모자가 대신한다. '자전거를 타는' 하체보단 '자전거를 끄는' 상체에 에너지 소비가 많

아질 것이다. 무게를 지탱해 도보 속도에 맞추려면 오르막보단 내리막이 더 힘들 것이다. 작은 변화가 얼마나 큰 파장을 가져올지는 아무도 모른다. 다만 다소 무리한 행색에 결기가 더해 괜히 폼만 잡고 허방을 치진 않을까 문 군은 염려한다.

생장피에드포르 순례자 협회에서 순례자 증명서인 크레덴시알Credencial을 발급해 주는 조세트Josette 여사가 문 군의 검지에 연고를 바른 후 정성스레 밴드를 붙여준다. 사무실 문을 열고 들어오다 닫히는 문에 검지를 밴 문 군, 피가 흥건히 나오는 걸 보고서야 뒤늦게 자책한다. 조심성 없기는 동급 최강, 덤벙대기는 군계일학이다. 과연 순례를 무사히 마치기는 할 것인지. 그래도 순례자의 여권과도 같은 크레덴시알을 받고선 좋다고 헤벌쭉거린다.

"숱한 순례자들을 봐 왔지만, 자전거를 타지 않고 밀고 가는 순례자는 처음 보는군요. 쉽진 않겠지만 정말 멋진 도전이에요. 하나 한 가지는 염두에 두세요. 나폴레옹 길로는 가지 못한답니다. 겨울철엔 통행금지예요. 급격한 날씨 변화 때문에 초보자는 자칫 길을 잃을 위험이 있거든요. 더구나 저 무거운 자전거를 끌고 경사 급한 곳을 올라가기란 무척 위험해요."

그녀는 대신 론세스바예스Roncesvalles로 가는 다른 루트인 발카를로스Valcarlos 길을 알려준다. 너도밤나무 사이로 푹푹 꺼지는 낙엽 더미를 밟으며 올라갈 꿈은 깨졌다. 대신 밋밋한 아스팔트로 걸음을 이어가야 한다. 나폴레옹 길을 진정 가고 싶었던 걸까. 문 군 표정엔 아쉬운 기색이 역력하다. 그러나 오늘부터 순례자로 살아야 한다. 겸허해져야 한다. 그는 힘없이 고개를 끄덕이며 설명해 주는 지도를 찬찬히 점검한다.

조세트 여사와 함께. 그녀는 내 다친 손가락을 상냥하게 치료해 주며 건투를 빌어주었다.

순례자 협회를 빠져나와 묵묵히 걸음을 옮기기 시작한다. 간혹 보이는 순례자를 위한 조개 안내 표시와 노란 화살표가 아직은 어색하다. 출발 두 시간째, 속도계 누적거리가 10km를 찍고 있다. 짐은 순례자 배낭 무게보다 4~5배가량 무겁지만, 바퀴는 확실히 그 부담을 지워준다. 시속 5km면 그럭저럭 무난한 속도다. 어깨와 허리가 살짝 뻐근해져 온다. 순례길에 자전거를 끌고 가는 것이 혜안인지, 실책인지 그 진가는 경사로에서 판가름날 것이다.

문 군은 30년 가까이, 소름 끼치도록 감흥 없는 회색 빌딩 숲과 그 사이로 뿜어져 나오는 매캐한 자동차 매연에 절어 살아왔다. 고요를 기저로 살아가고 싶은 도시 자연인은 시끄러운 전자음과 양보 없는 고성방가로 인해 사유의 시공간마저도 침탈당했다. 오랫동안 좋은 것, 아름다운 것, 감동적인 것은 감히 내 것이 아니라며 자신을 속이는 걸 정당화했다. 그토록 바라던 순간이 찾아왔을 때 왜 나는 내 것이라고 확신하지 못하는 걸까, 그것을 누리는 것을 꺼리게 만드는 정체 모를 불안함은 무엇일까, 자신에게 물어보곤 했다. 그

것은 소수의 기득권과 그들을 좇는 환상에 젖어있는 다수가 세워둔 사회적 기준선을 이탈한 아날로그 유목민의 쫓기는 심리가 만들어 낸 심각한 열등감이었다.

그런데 지금 이 순간 졸졸졸 흐르는 맑은 시냇물과 청명하게 지저귀며 귀를 간질이는 새들의 아침 울음소리를 듣고 있다. 녹색 풍경을 잠잠히 바라보는 것만으로도 디지털 세계의 변두리에 머물러 있던 건조한 영혼의 피로가 풀리는 느낌이다. 도시에서는 접하지 못한 낯선 상태가 머쓱하면서도 반갑다. 불과 얼마 전까지만 해도 세상 속에 볼품없는 내가 있었는데 지금은 내 안에 큰 세상이 있다. 그 느낌에 가슴이 더워진다. 가벼운 긴장과 흥분에서 터지는 생장점으로 첫 날 여행은 지속된다.

갑자기 차 한 대가 앞에 선다. 걷던 속도를 낮추며 차를 비켜가려던 그에게 누군가 손에 봉지를 들고 환하게 웃는다. 시몬Simon이다!

"자네, 우리 공장에 이걸 두고 갔더군. 그래서 주려고 왔지 뭔가."

"세상에나! 이걸 주려고 여기까지 온 거예요? 내가 여기 있을 줄 어떻게 알고요?"

"흠, 느낌? 지금쯤 여기에 있지 않을까 생각했지. 없으면 뭐 어쩔 수 없는 거니까, 하하. 물건 잘 챙기시게나."

세면도구다. 이틀 전 생장피에드포르에 들어왔을 때 허락을 받아 시몬이 일하는 공장 창고 안에 텐트를 치고 잔 적이 있다. 그때 씻고 나서 깜빡 두고 온 모양이다. 문 군은 어제 호세의 집에서 한 번도 잃어버린 적 없던 세면도구 가방이 대관절 어디 갔느냐며 의아해한 기억이 떠오른다. 다행히 일회용 칫솔과 치약으로 양치한 덕에 대수롭지 않게 넘겼는데 물건을 받고 보니 반갑기 그지없다.

누군가의 사소한 배려가 누군가에겐 거대한 감동이 된다는 것을…… 시몬(Simon).

몇 유로면 구입할 수 있는 하찮은 것이다. 그럼에도 이틀이나 지나 직접 가져다준 시몬의 수고가 눈부시다. 문 군은 윗니로 살짝 아랫입술을 깨문다. 그리곤 두 팔을 크게 벌려 그를 안는다. 고맙다는 말로는 다 채울 수 없는 감동의 또 다른 몸짓이다. 그가 문 군의 어깨를 토닥인다. 말하지 않아도 안다. 잘 가라, 조심히 가라, 건강히 가라.

곧 프랑스-스페인 국경 지대인 아르네기Arneguy가 나온다. 작은 강을 두고 다리 하나로 나뉘는 물리적 경계다. 이곳 사람들은 건너편 사람들을 보며 전혀 다른 국적과 문화를 의식할까, 아니면 같은 바스크문화권으로 동질감을 느낄까. 유로나 월드컵에서의 프랑스와 스페인 국가대표 축구 대항이 가늠자가 되지 않을까 그는 싱거운 망상을 즐긴다.

'환영합니다. 여기서부터는 스페인입니다.'

물먹은 솜처럼 축 처진 영혼이 햇빛에 바짝 말라 뽀송뽀송해진 느낌이다. 다리 하나 건넜을 뿐인데 마냥 생기가 돈다. 스페인어 'Bienvenidos환영합니다'가 이렇게 반가울 줄이야! 여행하기에 불편하지 않을 정도로 스페인어를 구사하는 문 군이다. 오랜 남미 여행에서 배운 스페인어가 이제야 빛을 발할 때가 왔다며 눈에 쌍심지를 켠다. 국경 앞 주유소로 위풍당당한 걸음, 거침없이 말을 건네는 그, 길의 상태를 물어보려 한다. 물론 스페인어가 녹이 슬진 않았는지 테스트도 겸한다.

"안녕하세요. 론세스바예스로 가는 길이에요. 이쪽 길로 쭉 따라가는 거 맞죠?"

"네, 그럼요. 근데 이거 어쩌죠? 이제부터 끔찍한 천국이 나옵니다. 18km 동안 계속

이요."

스페인어가 들리고, 이해할 수 있다는 사실이 문 군은 반갑기만 하다. 그런데 직원의 표현이 흥미롭다. 어째서 천국이 끔찍하단 것일까. 남자는 문 군을 보며 '안쓰럽다'는 듯 인상을 썼다, '그래도 좋다'는 듯 폈다 하면서 애매한 미소를 던진다.

아무래도 좋다. 이 길을 걷기 전 사흘 동안은 비만 주룩주룩 내리던 프랑스 겨울 날씨였다. 오후엔 햇살 한 줌이 얼굴을 따사롭게 마사지해주는 맑은 날씨다. 물줄기 소리도, 새소리도 그칠 줄을 모른다. 여기에 답답했던 귀도 뚫리고, 입도 뚫리는 자유로움이란. 지금 필요한 건 자축 세리머니, 국경을 넘은 기념으로 가방에서 콜라 한 캔을 꺼내 걸쭉하게 걸친다. 목에 착착 감기는 청량감이 흡사 구름을 깔고 앉아 해탈의 경지에 도달한 느낌이다. 날개옷을 입고 구름 위를 걷는 기분이다.

고작 콜라 한 캔으로 '모에화' 속 주인공처럼 천연덕스러워진 문 군, 욜랑욜랑한 발걸음이 봄날처럼 산뜻하다. '끔찍한 천국'이란 모호한 불안함을 잠시 잊은 듯하다. 길 앞으론 수상하게 차분한 기류가 흐르는데 말이다.

순례자의 심장은 비바체 리듬으로 뛴다

순례자의 휘파람은 그리 오래가지 않았다. 오르막이 계속된다. 왼쪽 무릎에 통증이 엄습한다. 어깨와 손목 근육도 뭉치기 시작한다. 끓는 냄비처럼 요란하던 파이팅은 숨죽인

카미노에서는 아주 작은 것에도 감사함이 스며든다.

지 오래, 대신 호흡이 점점 거칠어진다. 시선은 땅만 보고 있다.

고개 사이에 잠깐 만나는 내리막이 더 문제다. 걷기엔 언뜻 쉬워 보이지만 여간 까다로운 구간이 아니다. 브레이크로만 '양념 반 프라이드 반'을 컨트롤해야 하기에 강한 근력이 요구된다. 내리막길을 만날 때마다 오른쪽 손목이 심하게 결린다. 이럴 땐 마약 같은 시원한 콜라 한 모금과 휴식밖에 답이 없다. 가방 안에 콜라 캔 다량 구비는 문 군에겐 상식이다.

햇살이 머리 위에 머물 때쯤, 발카를로스 중앙광장에서 휴식 겸 점심을 먹기로 한다. 프랑크 왕국을 유럽 중서부 지역까지 세력을 뻗쳐 제국으로 번성시킨 샤를마뉴Charlemagne, 카를로스의 이름에서 따온 곳이다. 샤를마뉴는 재임 기간에 이탈리아를 정복하여 교황 레오 3세에게 신성로마제국 황제직을 받아 정치, 경제, 종교, 문화를 발전시켜 프랑크 왕국의 고전문화 부흥운동인 '카롤링거 르네상스' 시대를 연 장본인이다. 전성기를 구가하던 그의 군대는 779년 론세스바예스 전투에서 뜻하지 않게 패배하고, 프랑스군의 스페인 철군 때 후위를 지휘하던 조카 롤랑마저 잃으면서 이곳에서 잠시 머물렀다고 한다. 전쟁에 지친 그가 쉬었을 법한 자리에서 순례에 잠시 지친 문 군이 털썩 주저앉는다. 그러고선 개봉

한 지 이틀 된 주스와 귤 두 개, 그리고 카스텔라 반쪽과 비스킷 반쪽의 단출한 식단에서 감사함을 찾는다. 땀이 식어 한기가 느껴지는 것 말고는 더할 나위 없이 자유로움을 만끽한다.

쉬었으니 다시 걸어야 할 시간. 첫 도보 코스치곤 난이도가 만만찮다. 국경을 넘은 후 평평한 길이 나오지 않는다. 골짜기로 들어가는 오솔길은 죄다 통행금지다. 맞다, 18km! 이것이 주유소 직원이 말한 끔찍함의 실체란 말인가. 계속되는 오르막에 다리도, 눈도 풀려간다. 첫날부터 심상찮은 조짐의 코스다. 악성 바이러스에 감염된 좀비가 여기 있다. 힘들어 주저앉아 울고 싶다. 하지만 마땅히 기댈 것도 없다. 깨끗이 체념한다. 그저 꼼짝 않고 올라간다. 어기적어기적, 다섯 시간을.

'괜히 걸었노라' 후회를 토하며 걷던 문 군은 문득 멈춰 서서 주위를 바라본다. 렌토Lento로 걸어가던 걸음이 4분 쉼표를 만나고, 비바체Vivace로 뛰던 심장이 모데라토Moderato로 잦아든다. 흘린 땀만큼 걸어온 길이 저 아래 구절양장九折羊腸처럼 보인다. 푸른 하늘과 맞닿은 피레네 산군에서 수천 그루의 나무들이 '줌 인Zoom in' 효과처럼 서서히 다가오는 연둣빛 질감이 새롭다. 자연 속 한 점 풍경이 된 순례자는 그만 오감이 무장 해제된다. 뭐라 형언할 수 없는 알싸한 매력이 마음을 잔잔히 흔들어 놓는다.

오랜 여행은 문 군을 단순하게 만들었다. 단순함에는 힘이 있다. 정직하게 반응하는 힘이다. 포장이나 가식이 없다. 어떤 유익을 구하기 위해 필요치 않은 감정을 과잉 배설하지 않아도 된다. 계산된 인조감정처럼 자신을 처량하게 만드는 것이 어디 있을까. 누군가 여행을 떠나는 이유를 말한다면 대개는 길에서 느끼는 천연감정의 미학을 이유로 들 것

이다. 그 순수의 찰나가 추억이 된다. 숭고함이 녹아든 짜릿한 순간의 파편들이 그리움이 된다.

하지만 일상으로 돌아와서는 또다시 비릿한 인조감정의 허울 안에서 연극배우가 되어야 한다. 그래서 견딜 수 없다. 채워야 한다. 회복해야 한다. 더없이 감사했던 때로, 마냥 행복했던 때로. 사람들은 어느 샌가 감쪽같이 증발해버린 천연감정을 다시 희구하면서 여행을 떠난다. 여행은 어쩌면, 감정에 의식을 덧칠하지 않은 순수한 자아를 만나고 싶은 욕구의 반영일지 모른다.

조금씩 순례의 매력을 알아가던 그의 발이 드디어 푸에르토 이바녜타Puerto Ibañeta 위에 선다. 초반 난코스를 끝내는 오늘 구간의 정점이다. 포르티시모Fortissimo로 몰아치는 바람 속에 다시 비바체vivace로 박동하는 심장이 격정적 감동을 더해준다. 차분한 묵상을 위해 순례자가 쉬어갈 수 있게 세운 교회 문을 잡아당기지만 겨울이라 그런지 닫혀 있다.

도로를 벗어나 있는 언덕에 오른다. 그곳에 롤랑을 기리는 비석이 있다. 샤를마뉴 대제의 조카인 롤랑이 전투에서 패배한 후, 자신을 구하러 속히 오길 애타게 기다리며 나팔을 불던 곳이다. 그의 핏발 서린 외침이 천 년 바람을 타고 온 걸까. 문 군은 매서운 바람을 맞

으며 생의 마지막 순간에 사무치게 외로웠을 그의 애절함에 잠시 감응되어 본다. 롤랑의 비석 아래 혼자인 순례자는 어쩐지 외로움이 증폭되는 기분이다.

문 군, 마침내 첫째 날 정상에 섰다. 피레네 산맥을 바라다보니 가슴이 탁 트인다. 8시간을 힘겹게 걸어온 한 걸음 한 걸음이 일리 있는 의미가 된 순간이다. 저무는 햇살과 맹랑한 겨울바람과 엷게 퍼진 구름, 낮보다 키가 훌쩍 자란 그림자, 그리고 피레네의 모든 풍경이 내밀한 감각의 현을 새치름히 튕겨 울린다. 이런 소소한 기쁨이 순례자는 되레 서글퍼진다.

삶은 언제나 그랬다. 가장 마음이 아련한 순간은 언제나 좋은 날에 기생해 있었다. 춥고 배고플 때가 아닌, 상처받고 무언가 잃어버린 때가 아닌, 정말 행복한데, 깊이 감사한데, 그 시간, 그 장소에서 그 벅찬 감격을 함께 나누어야 할 이가 없는 바로 그때 문 군은 참을 수 없이 외롭고 시리기만 했다.

문 군은 '고생했다, 수고했다'는 외로운 자신에게 스스로 건네는 격려로 의연한 척 해본다. 그래, 나를 사랑하는 사람도, 나를 위로하는 사람도, 나를 용서하는 사람도 가장 먼저 내가 되어야 한다는 사실. 순례자는 피레네 정상에서 자신을 본다. 기막힌 풍광과 사색 그

리고 콜라 하나면 그것이 천국이다. 하나 환희를 즐기는 것도 잠시, 홀로 오른 덕에 간단히 '셀카'를 찍고 바로 내려간다. 겨울철 햇살의 자취는 5시면 산 등 너머로 숨어버린다.

내리막을 30여 분 더 가니 첫째 날 목적지인 론세스바예스가 나온다. 선택의 여지가 없다. 다음 알베르게까지 가기엔 시간도, 체력도 무리다. 이곳 숙소에서 하루 일정을 마무리하기로 한다. '알베르게Albergue'는 스페인 버전 주막이다. 조선 시대, 먼 여정에 숙식을 해결하는 요긴한 사랑방이었던 주막은 지구 반대편의 카미노 데 산티아고에서 알베르게란 이름으로 지친 순례자들의 안식처가 되어준다.

크레덴시알에 방문 흔적으로 스탬프를 찍고 건넨 6유로. 숙박은 물론 온수 샤워, 세탁 및 빨래 건조를 할 수 있으니 제값을 톡톡히 한다. 숙소에는 이탈리아에서 온 할아버지 순례자 두 명과 프랑스에서 온 나이 든 순례자 한 명이 미리 자리 잡고 있다. 혹여 개인 정비 시간과 쉼에 방해될까 간단히 인사하고 소란스럽지 않게 샤워와 빨래를 마친다. 문 군 자리는 구석이다. 간섭 없는 구석 공간은 언제나 그가 욕심내는 명당자리다.

하루 일을 정리하려 침대에 엎어져 일기를 쓰는데 맞은 편 남자가 말을 걸어온다. 생장피에드포르로부터 100km 떨어진 곳에서 농장을 경영하는 농부라고 자신을 소개한 피터다. 가끔 생각이 많아지면 시간을 내 이 길을 순례하는데 단기로만 벌써 수차례 다녔단다.

"산티아고 길이 근처에 있다는 건 나에겐 행운이야. 거의 매년 일주일씩 시간을 내서 다니는데 올 때마다 좋아. 사람을 만나고, 자연을 즐기면서 내일을 위한 새 힘을 얻거든."

문 군은 아직 순례길을 모른다. 그래서 그의 이야기에 관심을 보인다. 잔뜩 호기심 어린 초보 순례자가 베테랑 순례자와 본격적인 이야기꽃을 피우려 할 때 뒤늦게 도착한 순례

자들이 몰려든다. 젊은 스페인 친구들과 외형만으론 국적을 알 수 없는 몇몇 순례자, 그리고 한국인들까지. 겨울철인데도 불구하고 갑자기 많은 순례자의 등장에 문 군은 어리둥절하다. 곧 알베르게가 북적댄다. 차분하게 하루를 마무리하려던 그는 신기함과 반가움이 뒤섞인 눈으로 이들을 지켜본다. 혼자 외로이 갈 줄 알았던 문 군, 이들과 뭔가 엮일 것 같은 섬광 같은 예감이 스쳐 지나간다. 잠깐 침대를 정리하고 사람들과 인사를 나누는 와중에 피터는 자신의 얘기를 들려주지 못한 채 침대에 고단한 몸을 파묻었다.

애잔함의 낭만에 대하여

문 군은 네 명의 한국인 순례자와 간단히 인사를 나눈다. 남자 둘, 여자 둘. 남자 한 명은 산티아고에 도착하자마자 바로 전광석화처럼 입대가 예정되어 있어 한국으로 돌아간단다. 다른 한 명도 사정이 다르지 않다. 순례 후 신검, 그것도 재신검을 받아야 하는 처지다. 그들의 이야기를 듣던 대한민국 예비역 문 군은 이내 엄숙해진다. 눈물과 웃음이 동시에 터지려는 걸 꾹 참는다. 그는 비상식량으로 아껴둔 프랑스 요구르트를 꺼내 둘에게 넌지시 건넨다. 나라 잃은 백성이 이리 먹을까. 둘은 조건반사적으로 뚜껑에 묻어있는 잔여물부터 깨끗이 핥아낸다. 곧 바닥까지 긁어낸 두 청년의 입에서 탄성이 흘러나온다.

"순례자 메뉴Menú del peregrino 같이 해요. 오늘은 제가 살게요."

"네? 아, 괜찮은데. 저……그게……그러니까……."

"그동안 오랜 여행으로 고생 많았을 것 아녜요? 힘내라는 의미로."

함초롬한 외모에서 풍기는 범상치 않은 내공, 예상치 못한 대접 멘트에 침대에서 어리바리하다가 외투를 주섬주섬 챙긴다. 저녁은 습관처럼 대충 바게트에 잼이나 발라 먹으려던 생각이었다. 하나 한 숙녀가 먼저 꺼낸 대접 멘트에 문 군은 '거절 모드'로 손사래를 치면서도 입가가 슬며시 올라간다. 그녀는 아마도 남자들끼리 통성명하는 걸 들은 모양이다.

저녁을 대접하는 이는 재희, 이미 몇 년 동안 유럽과 아프리카, 아시아 등을 두루 여행했단다. 강호의 숨은 고수다. 단아한 분위기에 꼭 맞는 피아노 전공자로 아이들 가르치는 일에 정성을 쏟고 있다. 언젠가는 자신의 터앝을 일구고 거기에 가축들을 키우는 꿈을 가지고 있다. 그녀의 소개에 문 군은 한 가지 흥미로운 사실을 발견한다. 자신과 불과 2주밖에 차이가 나지 않는 생일, 더욱이 둘은 산티아고 길 위에서 같이 생일을 맞게 된다. 순례 여정 가운데 맞는 생일의 기분은 어떨까.

다른 숙녀는 이제 갓 대학에 입학하는 새내기 진, 열아홉 톡톡 튀는 개성이 매력적인 친구다. 그 나잇대가 으레 그렇지만 남아공에서 10대를 보낸 까닭에 의견 피력에 거침이 없고, 감정 표현에 솔직하다. 신검을 받으러 가는 순례자는 진의 친오빠 존인데, 무심한 듯 차가운 첫인상이지만 들여다볼수록 속이 깊고 여린 성격의 소유자다. 동생과 다툴 때 일부러 참고 져주는 것을 문 군은 알아채고 있다. 남매는 태어나 처음으로 함께 여행하는 길이다. 역시 입대를 한 달 앞둔 순례자는 앳된 미소의 용규라는 친구다. 독도 경비대로 갈 예정이라 초대할 테니 언제든지 놀러 오라며 벌써부터 아양을 떤다. 모처럼만에 한국 여

행자를 만나서 반가웠던 걸까. 그저 소소한 담소를 나눌 뿐인데 문 군 표정이 상기되어 있다.

순례자 메뉴는 미사 후 먹을 수 있다는 레스토랑 주인의 친절한 설명에 먼저 성모 마리아 성당Iglesia de Santa Maria으로 향한다. 잠시 바깥에 나가는데도 살갗을 쿡쿡 찌르는 추위에 옷깃을 단단히 여민다. 8시, 미사가 시작된다. 순례자들은 기도하는 소리를 따라가 가만히 문을 연다. 텅 빈 예배당에 참석 인원은 고작 열 명 남짓. 순례 첫째 날인 데다 종교의식이다 보니 경건함이 무르익어 있다. 그 분위기를 파고드는 설교가 마음에 잔잔하게 울린다.

수단Subtana의 위엄을 두른 신부님은 그리스도의 사랑과 자비를 설파하며 순례자들의 안녕을 빌어준다. 미사 중간중간에는 파이프 오르간의 몽환적 선율이 흘러나온다. 이 멜로디는 세상에 할퀴고 찔린 순례자들의 상처받은 감정들을 치유해 준다. 교회에서 수백 번

은 더 들었을 파이프 오르간 소리는 케케묵은 죄까지도 뉘우치게 할 정도로 애잔하기 그지없다.

뚝뚝 떨어지는 눈물을 손등으로 훔치는 순례자, 조용히 무릎 꿇고 기도하는 순례자, 예수의 십자가를 말없이 응시하는 순례자. 이 순간, 말로는 표현할 수 없는, 그렇다고 침묵으로도 표현할 수 없는 느낌을 음악은 담담하게 표현해내고 있다. 미사 내내 영혼의 심연까지 파고드는 음률에 모두 침묵의 찬사를 보낸다.

가끔이긴 하나 미사 후 신부들은 순례자들을 영접하기도 한다. 빵과 포도주를 곁들인 조촐한 교제인데 오늘은 언급이 없는 걸 보니 다른 일이 있는 모양이다. 이젠 기대했던 순례자 메뉴를 먹는 시간. 카미노 데 산티아고엔 순례자를 위한 순례자 메뉴가 있다.

우선 기본적으로 빵과 포도주가 무한으로 리필되며, 에피타이저primer plato로는 샐러드나 파스타, 수프, 계란 요리, 콩 스튜 중에 선택하며, 메인 메뉴segundo plato는 보통 닭, 돼지, 소고기, 양, 생선 요리가 감자튀김이나 소시지와 함께 제공된다. 입가심을 위한 디저트 메뉴postre로는 아이스크림, 요구르트, 케이크, 초콜릿, 과일, 그리고 우유에 쌀과 설탕을 넣고 조린 아로스 콘 레체arroz con leche 등 다양하다. 가격은 7~10유로. 이곳 레스토랑은 매일 순례자 메뉴가 바뀌는데 오늘 메인 메뉴는 미트볼이다.

빵과 샐러드, 수프, 미트볼, 포도주 조합은 양과 질에 있어서 순례자를 만족시키기에 충분하다. 아마도 바게트만으론 버티기 쉽지 않은 순례 중에 몇 번쯤은 위로조로 먹어야 할 것이다. 확실한 건 순례자 메뉴가 파이프오르간으로부터 받은 애잔함을 따뜻하게 녹여주고 있다는 것. 무엇보다 오늘은 첫째 날, '시작'과 '처음'의 매력이 물씬 풍기는 이때는 대

개 부담이 포용되고, 실수가 용서된다. 모두들 첫 단추를 잘 끼고 싶어 하는 까닭이다.

입이 즐거워진 기분 좋은 식사 후 밖으로 나온 순례자들은 시린 남빛 하늘에 박혀 명멸하는 별들에 그만 마음을 빼앗긴다. 예수의 제자 야고보가 복음에 대한 소망 하나로 걸었던 이 길 위에서 문 군은 추위에 마른 콧물 한 번 훌쩍 들이킨 후 말없이 서 있다. 그 역시 이 여정에서 자신의 영혼을 솔직하게 들여다보고자 하는 소망을 조심스레 품어 본다. 다른 것 없이 길과 별과 꿈만으로도 삶을 가슴 벅차게 만들 수 있다는 것. 순례자들은 별빛 아래서 오랫동안 각자의 심장을 예열한다. 론세스바예스의 낭만적인 밤은 천천히 흘러간다.

삶은 언제나 그랬다.

가장 마음이 아련한 순간은 언제나 좋은 날에 기생해 있었다.

춥고 배고플 때가 아닌,

상처받고 무언가 잃어버린 때가 아닌,

정말 행복한데,

깊이 감사한데,

그 시간, 그 장소에서

그 벅찬 감격을 함께 나누어야 할 이가 없는 바로 그때

문 군은 참을 수 없이 외롭고 시리기만 했다.

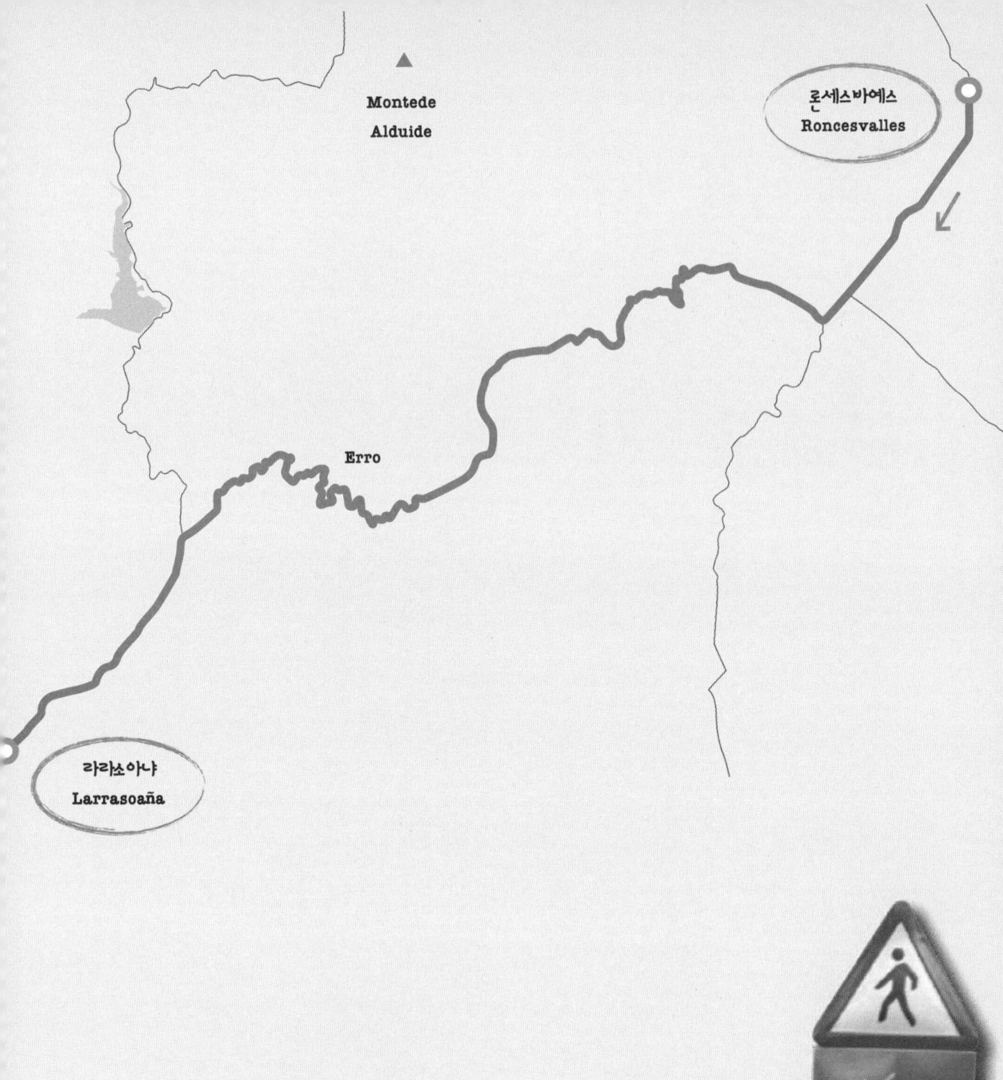

론세스바예스 → 라라소아냐

배려가 난무하는 길 위

누군가 맞춰 놓은 휴대폰 알람이 순례자들의 신성한 숙면을 방해한다. 이른 아침, 단잠을 깨우는 벨소리가 거슬릴 법도 한데 다들 슬리핑백 속에서 킥킥거리기만 한다. 무방비 상태에서 터져 나온 음악이 「The Lion Sleeps Tonight」인 탓 120%. 천진난만한 아프리카 리듬에 다들 탈피하는 애벌레처럼 침낭에서 꾸물꾸물 기어 나와 기지개를 켠다.

'부엔 카미노Buen camino!'

카미노 데 산티아고에서 이 인사는 주문과 같은 것이다. 스쳐 지나갈 때 나누는 이 한 마디는 순례자에게 감출 수 없는 용기와 행복을 선사한다. 첫날의 흥분이 채 가시지 않은 둘째 날 아침, '부엔 카미노'의 행복한 인사를 건네는 순례자들이 다 떠날 때까지 문 군은 손을 흔들며 숙소에 머물러 있다. 시계의 시침에 마음 두지 않기로 한 까닭이다. 조금 더 일찍 도착해 편히 쉬기보다 충분히 카미노의 매력에 젖은 다음 달콤하게 피곤해지기로 한다.

문 군은 순례로부터 거의 모든 것의 낯설게 보기를 원한다. 흔한 것에도 향긋함이 있고, 아름다움이 있고, 기적이 있음을 확인하고 싶다. 그 작은 통찰로 삶을 풍성하게 살아가는 지혜를 얻고 싶다. 누군가와 그 마음을 나눌 때 함께 찌릿한 공감을 공유할 수 있는 추억이고 싶다. 세상을 푸르게 껴안는 순례자이고 싶다. 어느 감성 목사의 시처럼 화려하려고 사랑하지 않고, 진실한 가까움으로 사랑을 하고 싶다. 오랫동안 생각의 게토화에 갇힌 고

루한 순례자는 그렇게 다르게 보는 세상을 꿈꾼다.

순례를 떠나기 전 영혼을 점검한다. 오늘 하루도 감동받을 준비가 되어 있는지, 더 감사할 준비가 되어 있는지, 혹 막연히 걷기만 하는 건 아닌지 물어본다. 반응에 대한 모든 감정은 자기가 선택한다. 타이어를 씹는 질감으로 딱딱한 바게트를 먹어도 감사할 수 있는 감정이 소중하다. 순례하는 동안 상황을 뛰어넘어 감사하기로 했다. 불평은 상황을 비관적으로 회피할 뿐이지만 감사는 모든 것을 배울 수 있다. 끌림이 차오르면 떠나야 할 때다. 방과 화장실 불을 점검하고, 침대 시트들을 가지런히 정리한 후 가장 늦게 숙소를 나선다.

희붐히 동이 틀 무렵, 반짝반짝 타오르는 서리들로부터 지난밤 추위를 가늠해 본다. 혼자 걷는 고요한 시간, 노란 화살표를 따라 오솔길로 들어간다. 발갛게 달아오른 손에 연신 입김을 불어 넣는다. 장갑을 껴도 그대로인 냉기가 예사가 아니다. 서리 위에 발자국이 남겨질 때마다 순례자의 영혼은 순결해질 수밖에 없겠노라 생각한다. 자신이 걸어온 길을 묵상하는 자, 앞으로 걸어갈 길을 꿈꾸는 자라면 과거엔 뒤틀린 심사로 살았을지언정 지금 이 순간 과연 가벼이 삿된 마음을 품을까.

바람은 찬데 햇볕이 뜨겁다. 외투를 벗어야 할지 고민만 하다 오늘 여정의 첫 번째 휴식

지에 다다른다. 너도밤나무 숲길을 따라 언덕을 넘으니 한때 헤밍웨이가 머물렀다던 부르게테Burguete 마을이 보인다. 서리 내린 주변 경관이 푸근하고 온화한 느낌인 데다 마침 산등성이를 타고 깊게 울리는 성 니콜라스 성당Iglesia de San Nicholas de Barri의 종소리까지 더해져 천사의 날개 위를 걷는 기분이다.

문 군도 헤밍웨이처럼 시간을 잊은 머묾에 대한 갈망이 있다. 그런데 어쩌랴? 시계의 시침에만 마음 두지 않았지, 달력의 날짜에는 조급하게 반응하는 것을. 따사로운 햇볕에 점점 달궈져 훈풍기가 도는 겨울바람, 한 모금 물과 한 조각 비스킷, 그리고 순례자를 격려하는 마을 사람들의 친근한 인사와 소박한 미소. 단 10분간이지만 순례자가 꿈꾸던 휴식 그대로다. 그나저나 헤밍웨이, 글 쓰는 핑계로 참 많이도 돌아다녔다. 세계 일주를 하면서 문 군, 쿠바에서 만났던 헤밍웨이의 흔적을 여기서도 만난다.

몇 번의 언덕을 만나고 곧 기진맥진해진다. 도보로도 까다로운 길을 자전거로 가려다 보니 무리였나 싶다. 급기야 젖은 낙엽으로 미끄러운 비탈길에서 그만 고꾸라지고 만다. 한겨울에 마치 사우나에 있는 것처럼 상의에 땀이 흥건하게 배어있다. 하나 이미 와 버린 길, 다시 되돌아갈 수도 없다. 문 군은 맥없이 침만 삼킨다. 여기서 끝이 아니다. 오늘 순례의 고비인 메스키리스 봉Alto de Mezquiriz과 에로 봉Alto de Erro을 연이어 넘어야 한다.

첫날 만난 순례자들 중 최고령인 이탈리아 출신 안젤로Angelo와 조르조Georgeo는 일흔과 예순일곱의 나이가 무색하게 긍정적인 사고와 정정한 걸음을 자랑한다. 메스키리스 봉 가는 길 벤치에서 빵으로 간단히 점심을 들고 있던 그들은 문 군을 보더니 기가 차다는 듯 폭소를 터트린다.

'우연한 만남, 운명적 동행' 이탈리아의 젊은 친구 일흔의 안젤로(좌)와 예순 일곱의 조르조.

"맙소사, 왜 도로로 자전거를 타지 않고 산길로 밀고 가시나? 난 자네가 우회 코스로 갈 줄 알았지. 이거 무슨 순례가 아닌 고행을 보는 느낌이구먼."

"그러게 말입니다. 제 목표가 안장에 엉덩이를 대지 않고 걸어서 완주하는 것이거든요."

"허허, 쉽지 않을 걸세. 카미노가 험한데 뒤에서 좀 밀어줄까?"

"지금은 괜찮은데 나중에 더 힘들어지면 그때 부탁드리죠."

괜찮지 않은 시간이 금방 돌아왔다. 휴식 후 뒤따라오던 안젤로는 전진이 버거운 문 군의 자전거를 힘껏 밀어준다. 배낭의 무게까지 더하니 단단히 노익장을 과시한 셈이다. 그러나 버거웠는지 몇 걸음 떼지 못하고 세차게 도리질을 한다. 잠시 후 괜찮으냐는 물음에 고개를 끄덕이며 크게 호흡을 고르고 다시 자전거를 밀어주는 백발의 순례자. 배낭을 메

고 올라가기도 힘든 코스에 자전거를 끌고 온 책임이 크다. 그래서인지 가까스로 평지에 올라섰을 때 문 군은 고마움과 미안함에 무안해진다.

"안젤로 할아버지, 여기 초콜릿 좀 드세요."

"아냐, 고맙긴 한데 방금 점심 먹었어. 정말 괜찮아. 힘들 텐데 자네가 이걸 먹도록 해."

그는 흙 묻은 문 군 손 위로 견과류를 털어준다. 문 군은 산들바람을 맞으며 이마에 흐르는 땀을 손등으로 훔친다. 오물오물 씹어 먹는 아몬드와 건포도의 조화가 꽤 맛나다. 곁에 서서 산 아래를 굽어보며 사람 좋은 웃음을 보이는 안젤로. 나이는 숫자에 불과하다지만 숫자가 가져다주는 묵직한 의미 또한 간과할 수 없다. 다들 그냥 그렇게 살아가는 초로 인생인데 그래서 그의 일탈이 조금 특별해 보인다.

두 할아버지 순례자를 먼저 보내고 다시 맞은 산길, 계속되는 오르막은 점점 그를 지치게 한다. 가깝지도 멀지도 않은 부르면 들릴 거리에 두 노인이 보인다. 그러나 문 군은 그들의 이름을 외치지 않는다. 혼자만의 묵상 시간을 깨고 싶지 않아서다. 필요할 때 남을 돕는 것도 중요하지만 이 길의 목적은 먼저 자기 내면을 보고 자신을 성찰하는 데 있다. 그 즐거움을 감히 뺏을 수가 없다.

샤를마뉴 대제의 조카 롤랑의 전사를 기리는 롤랑의 바위는 순례자들의 큰 이목을 끌고 있지 못함이 분명하다. 잡목림 속에 쓸쓸하게 방치되어 유심히 보지 않으면 그냥 지나칠 만큼 평범하기 그지없다. 역사의 패배자에게 너무나 당연한 처사일까? 공교롭게도 이쯤에서 길이 급속도로 거칠어지는데 가끔 지나치는 순례자들이 문 군의 자전거를 밀어주고는 앞서 간다. 희망의 마중물이 되는 그들에게 고맙다는 인사가 얼마나 많이 필요한 하

루인지! 몇 번의 오르막 고비를 넘어 수비리Zubiri에 도착했다. 점심도 거른 오후 2시 반, 마을 어귀 아르가 강Rio Arga에 이르자 라비아 다리Puente de la Rabia가 나온다. 광견병에 걸린 동물들이 이곳 주위를 세 번 돌면 병이 낫는다는 전설이 있다.

수비리에서 하룻밤 묵을 요량으로 알베르게를 찾아본다. 여기저기 보이는 문을 모두 두드려보지만 굳게 닫혀 있다. 대개의 경우 겨울 시즌에는 영업을 하지 않는다는 안내문이 친절하게 붙어 있다. 낮잠 자는 시간인 시에스타siesta라 슈퍼마켓도 닫혀 있어 비상식량인 초코바로 출출함을 달랜다. 교회 첨탑 아래 종이 요란하게 울리면서 정시를 알린다. 휴식도 취할 겸 뒤에 오는 순례자들에게 정보를 알려주기 위해 기다려보지만 마른 바람만 휑하다. 지루한 기다림이 계속되자 별수 없이 라라소아냐Larrasoaña까지 가기로 한다.

중간에 만난 존이 합류해 몇 개의 무명 촌락을 지나 해거름 무렵에 목적지에 도착했다. 마을 입구에 라라소아냐 다리가 나오는데 순례자들의 금품을 노린 도둑들이 많다고 해서 도적들의 다리Puente de los Bandidos로도 불린단다. 28km를 걸어 당도한 마을 중심부엔 겨울철에도 문을 연 지자체 알베르게가 노곤한 순례자들을 맞는다.

문 군은 이곳이 중세 시대 순례자들의 거점 마을이었던 만큼 매혹적인 고전 분위기를 기대했다. 예상은 빗나갔다. 해 질 녘 무채색 건물들 사이로 사람 한 명 보이지 않는다. 카미노 시즌이 아니라 그런 걸까? 마을은 을씨년스럽기만 하다. 먼저 와 있던 순례자로부터 음식을 살 만한 슈퍼와 레스토랑이 모두 문을 닫았다는 절망적인 정보를 전해 듣는다. 점심도 건너뛰었는데 말이다! 영혼이 절규하는 가운데 문 군은 존과 함께 기적을 만들러 나간다.

“이대로 굶을 수는 없어! 점심도 안 먹었는데, 저녁마저 거르면 되겠어? 또 내일 아침은?”

호기롭게 나왔으나 곧 터덜터덜 마을을 배회한다. 원치 않는 강제 금식 위기에 처할 무렵, 간절함이 통했던 걸까. 극적인 대반전이 일어난다. 때마침 저녁 외출 준비 중인 현지인, 그러니까 마을에 들어와서 헤맨 지 30분 만에 처음 만난 한 부부가 둘의 딱한 사정을 듣고 빵과 소시지와 요구르트를 거저 내어준 것이다. 또 마침, 그들 역시 겨울 시즌엔 마을 슈퍼는 열지 않는다고 말한 바로 그때, 지나가는 차 한 대가 순례자의 야성 본능을 자극했다.

‘때마침’이란 단어가 내뿜는 그 타이밍의 분위기는 이루 말할 데 없이 짜릿하다. 보편성에 기대지 않고 의외성의 중심에 있다는 사실 하나만으로 인간은 운명을 따르려는 경향이 있다. 운전자와 눈이 마주치는 순간 섬광처럼 스치는 예지로 그녀는 무조건 슈퍼마켓의 주인이라 생각했다. 아니 그랬어야만 했다. 수십 가구의 주택이 있다. 그중 그들이 바라는 곳으로 그녀가 주차할 확률에 오늘 순례자들의 운명이 걸려있다.

“혹시 순례자들인가요? 우리 집이 작은 바bar인데 슈퍼도 겸하고 있어요. 이따 밤에 문을 열 테니 오세요.”

주인의 상냥한 태도에 문 군과 존은 하이파이브를 나눈다. 됐어! 소식은 급히 다른 순례자들에게 전해진다. 축 늘어진 어깨들이 갑자기 들썩이기 시작한다. 비상식량으로 밤을 버티거나 그냥 굶겠다던 순례자들이 일시에 계획을 전면 수정한다. 백지처럼 하얗던 그들의 머릿속엔 이미 시원한 맥주와 소시지 따위가 극사실주의의 붓 터치로 그려지고 있었다.

8시, 순례자들은 사막에서 오아시스를 만난 듯 슈퍼를 습격했다. 꼼짝없이 금식을 강요당할 뻔한 상황이 반전되자 저녁 식탁의 분위기는 화기애애하다. 허기를 때운 것만으로도 깊은 감격이 머무는 식사, 단순한 것에서 행복을 찾는 순례길을 사랑할 수밖에 없는 이들의 왁자지껄한 대화가 무르익는다. 공생애 사역을 하던 예수는 이웃을 사랑하는 시공간에 먹는 것의 중요성을 몸소 실천하며 설파했다. 정을 나누는데 음식만큼 마음의 문을 여는 매개가 또 있을까? 처음 만난 순례자들은 잔을 부딪치며 어색함을 녹이고 서로 조금씩 알아가고 있다.

식사 후 샤워를 할 때다. 남녀공용 화장실에 부스가 두 개밖에 없어 시간을 정해 서로 돌아가며 쓰기로 했다. 문 군은 역시나 칠칠하지 못하게 깜빡 잊고 비누를 챙겨오지 않았다. 이미 옷을 벗었기에 같은 칸에서 먼저 샤워를 끝낸 순례자에게 빌려주기를 부탁했다. 얼핏 마흔 정도 되어 보이는 스페인 남자, 그가 아이처럼 해맑게 웃으며 구석에 놓인 통을 가리킨다.

"저거 쓰면 돼요. 마음껏 쓰세요."

"어, 이건 샴푸잖아요? 몸을 씻을 비누가 필요해서요."

샴푸통을 가리키며 얘기하는 문 군에게 남자가 갑자기 자신의 머리를 들이민다.

"내가 샴푸 쓸 사람으로 보이나요?"

문 군은 입이 열 개라도 할 말이 없다. 그의 벗겨진 머리는 백열등의 빛을 그대로 반사하고 있었다.

앙헬Angel이란다. 론세스바예스 숙소에서 잠시 인사만 한 게 전부인데 화장실에서 정식 통성명이 이뤄졌다. 그는 스페인 남쪽에서 농장일을 하다 산티아고 순례를 위해 올라왔다. 충격적인 건 문 군보다 네 살이나 어리다는 사실. 문 군은 그의 대머리를 눈치채지 못하고 눈앞에서 샴푸통을 운운한 자신의 센스에 놀라고, 얼굴로는 도저히 판단 불가한 그의 나이에 한 번 더 놀란다. 앙헬은 공용 샤워실의 불편함을 익살스레 표현한다.

"남자가 샤워할 때 여자가 실수로 문 열면 별 대수롭지 않은 일이 되지요. 그건 사소하게 넘어갈 수 있는 문제거든요. 근데 남자가 그랬다면? 아, 그건 그냥 난리 나는 거예요."

스페인이나 한국이나 같은 애로사항에 문 군은 그만 피식 웃는다. 샤워 후 모두가 잠자리에 든 시간, 조심히 자리로 가는 중 어스름한 빛에 곤히 자는 순례자들의 얼굴이 비친다. 순례자들은 다들 알고 있는 표정이다. 시간이 흐를수록 카미노 데 산티아고 순례는 점점 더 풍성해질 거란 걸. 내가 원하던 것을 갖게 되어서가 아니라 필요치 않은 걸 내려놓을 수 있어서. 문 군 역시 오늘 일어난 작은 마음의 빚들 때문에 쉬이 잠을 청하지 못할까 걱정이다. 조건 없는 배려가 난무하는 맹렬한 이 행복을 과연 견뎌낼 수 있을까 하는 격한 달뜸에……. 모든 것이 불확실한 순례자들에게 겨울 카미노는 행복에 관한 가장 확실한 믿음을 주고 있다.

깊은 꿈나라에 머물러 있어야 할 밤 11시, 어디에선가 범상치 않은 굴착기 소리가 들린다. 바로 앞 침대로부터 들리는 누군가의 세찬 코골이다. 건너편 침대에서도 코를 고니 스테레오 사운드로 잠을 설치게 만든다. 피곤했을 테니 예상과 이해 모두를 했던 상황이지만 존의 입술에서는 더 끔찍한 상황이 터져 나왔다.

"야, 진짜 제대로 좀 안 할래?"

사실 응접실에서 늦게까지 일기를 쓰다 가장 늦게 침대로 돌아온 문 군은 고양이 걸음으로 조심조심 들어온 터다. '삐거덕' 문 여는 소리나 다시 '삐거덕' 낡은 철재 침대에 올라가는 것이 신경을 자극했을 수도 있다. 그렇다고 문 군은 10살이나 어린 그에게 하나의 인격체로 존대해 주었는데 반말이 나오니 황당하기 그지없다. 그는 일단 다른 순례자들이 깰까 조심히 대꾸한다.

"아, 이제 잘 거예요. 미안, 아우님."

"야, 왜 그래? 아, 정말 힘드네. 그런 식으로 해서 언제 끝나는데? 빨리 좀 해!"

"?"

"얘 진짜 빠져가지고 말 정말 안 듣네. 아, 답답해!"

아뿔싸, 존은 잠꼬대 중이었다. 문 군은 타이밍을 맞출 줄 아는 그의 놀라운 수면언어에 잠시 할 말을 잃었다. 나중에 안 사실이지만 그의 잠꼬대에 놀란 순례자가 한둘이 아니었단다. 물론 문 군처럼 낚여서 대답한 이도 있다. 문 군은 옹알거림이 아닌 완벽한 문장을 구사하는 그의 잠꼬대에 탄복하며 자신도 모르게 킥킥 웃다가 곧 단잠에 빠져들었다. 오늘 하루, 행복한 '부엔 카미노'였다 감사하면서.

다음 날 아침, 군대 기상나팔 소리만큼이나 끔찍한 코골이 융단 폭격이 다시 시작되었다. 원치 않은 생체 알람에 순례자들이 하나둘 일어나 눈을 비빈다. 숙소가 아직 어수선한 때 마르코스Marcos라 자신을 소개한 순례자가 별안간 양심선언을 한다. 씩 웃으며 옆자리에서 잔 문 군 눈치도 조금 보는 태도다.

둘째 날 아침, 아직 날은 밝지 않았지만 모두의 마음에는 벌써 환한 불빛이 켜져 있다.

"내 코골이 소리가 불편하진 않았는지 모르겠네요. 하, 이것 참. 본의 아니게 잠을 깨워서 미안해요. 그리고 사실, 어제 아침 휴대폰 알람 소리 있죠? 아프리카 음악이요. 실은 그것도 내 것이었답니다."

"맙소사, 누군가 했더니 마르코스! 당신이 이틀 연속 우리를 깨웠군요. 그렇지만 괜찮아요. 덕분에 늑장 안 부려도 되잖아요."

"그렇게 됐나요? 잠을 깬 건 그럼 내 덕분이군요. 하하하."

알베르게에 웃음 바이러스가 퍼진다. 몇몇은 한 번 더 듣고 싶다며 어제 울린 휴대폰 알람 소리를 재생시켜 달라 요청한다. 원시적이고 생동감 넘치는 아프리카 음악이 흘러나오자 다들 라이언 킹의 등장인물이 된 것 마냥 흥얼거린다. 간단히 씻고, 간단히 먹고, 순례자들의 간단한 도보 준비가 끝난다. 계획이 다르고, 체력이 다르니 오늘이라도 당장 헤어질지 모를 아쉬운 마음에 순례자들끼리 기념사진 한 장으로 추억의 순간을 담는다.

태양이 뜨기 전, 겨울 카미노의 어두운 안갯속으로 순례자들의 발걸음은 서서히 사라진다. 오늘 나서는 길에도 맹렬한 행복에 감사할 수 있기를 소망하면서.

문 굳은 순례로부터 거의 모든 것의 낯설게 보기를 원한다.

흔한 것에도 향긋함이 있고,

아름다움이 있고,

기적이 있음을 확인하고 싶다.

그 작은 통찰로 삶을 풍성하게 살아가는 지혜를 얻고 싶다.

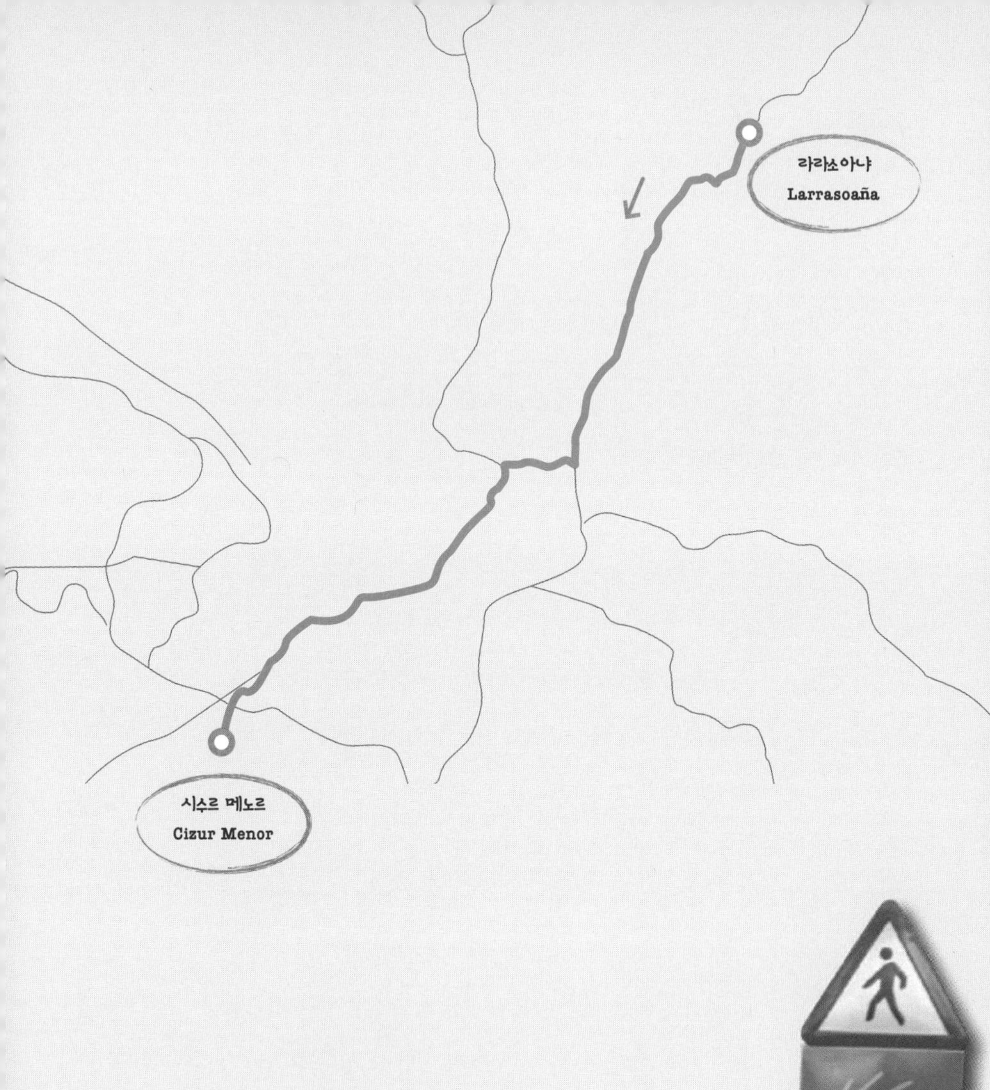

라라소아냐 → 시수르 메노르

도둑같이 찾아오는 행복들

겨울 여명이 밝아오고 있다. 나뭇가지에 둥지를 튼 새들이 분주하게 재잘댄다. 근처에 아르가 강의 대찬 물줄기 소리는 가슴까지 시원하게 한다. 자연의 소리로 아침에 잠에서 깬다는 것이 얼마나 거룩한 행복인가. 문 군은 이때껏 조명 공해로 얼룩진 피로한 몸에 모처럼 생기가 도는 것을 느낀다. 졸린 눈으로 바깥에 나가니 잔뜩 흐린 하늘이 무겁게 처져 있다. 세상을 유화로 칠해 놓은 듯 두터운 질감이 생경하다.

서느런 날씨 핑계로 침대에서 어기댄 문 군.

'카미노에선 시간에 구애받고 싶지 않거든. 자유롭게 가는 거야.'

진실을 비튼 볼온한 정당화다. 영혼을 녹슬게 하는 안일한 자기합리화의 찌든 때를 벗기고자 나선 순례다. 이 순간에는 시간에 갇히지 않고 시간을 누리고자 했다. 그런데 처음 다짐이 무색하게 별 가책도 없이 흐지부지되어 버린다. 묵상이 잠깐의 영적 만족감이나 지적 자극으로 그치지 않고 행동으로 발전해야 할 단호한 계기가 필요하다.

비스킷으로 간단히 아침을 때운 뒤, 오전 9시를 넘어 시작된 차분한 걸음. 소나무 숲이 형성되어 있는 좁은 산길을 따라 8km 거리의 칸테라 봉Alto Cantera까지 걷는다. 핸들을 잡고 있는 맨손이 찬바람에 점점 굳어지고 있다. 어제 험한 산길을 넘나들며 그만 장갑을 분실했다. 훅훅 입김 불어가며 달래보지만 좀체 풀어질 기미가 없다. 안개로 시계가 트이지 않은 것이 오히려 산세의 운치를 더한다. 길옆으로 소출을 끝낸 돌돌 만 건초들이 지난 계절

농부의 수고를 말해준다. 오래 묵힌 뒤 발효시켜서 가축 사료로 쓰이는 것들이다.

봉우리를 넘자 급한 내리막이 나온다. 작은 마을 사발디카Zabaldika를 지나 11세기부터 순례자들을 영접했다는 유서 깊은 마을 트리니다드 데 아레Trinidad de Arre에 당도한다. 아르가 강이 가장 세찬 물줄기를 흘려보내는 곳이다. 근처에 넓게 공원이 자리하고 있어 운동이나 휴식 장소로 안성맞춤이다. 오랜 순례 문화 탓에 순례자에게 띠앗머리 없게 대하지 않는 점이 좋다. 생긋 웃는 현지인들과 족히 스무 번의 인사를 나눈 후에야 오늘 순례의 하이라이트인 팜플로나Pamplona에 갈 수 있을 정도다.

한 시간 반 정도 걸었을까. 드디어 산 페르민San Fermin 축제로 유명한 팜플로나에 도착했다. 며칠 간 생의 잔잔한 환희로 채워진 싱그러운 소리를 듣다 매연과 소음으로 뒤덮인 도시에 들어오니 화려하게 펼쳐진 문명의 이기들이 설게 느껴진다. 조개 표시를 따라 시내 중심가로 계속 향했다. 팜플로나의 상징인 마그달레나 다리Puente de Magdalena를 건너 벤치에서 잠시 쉬기로 한다. 바로 뒤에 산타 마리아 대성당Catedral de Santa Maria에서 순례자들과 다시 보기로 약속을 한 터다.

긴장을 풀고 휴식을 취하고 있을 때였다. 한 자전거 순례자가 문 군 앞을 지나치더니 다시 돌아와 선다. 눈빛이 마주치는 순간 둘의 느낌이 통한다. 역시 한국인이다. 같은 자전거

동지를 만난 까닭에 문 군은 연배 높은 그에게 꾸벅 인사를 한다. 프랑스 파리부터 스페인 산티아고까지 자전거 여행을 한다는 40대 이진형 씨다.

"강남에서 자전거 숍을 하다가 이번에 가게를 옮기게 되었어요. 사정상 2주간 시간이 나서 아내에게 허락 맡고 이 길을 달리게 되었네요. 생각도 좀 정리하고, 한국 돌아가면 다시 열심히 일해야죠."

알베르게에서 자고, 바게트를 먹는 문 군으로선 숙宿은 호텔을, 식食은 레스토랑을 이용하는 그가 럭셔리 순례자로 여겨진다. 하나 그에게도 시련은 있었다.

"프랑스에서는 너무 고생했지요. 말이 통해야 하는데 꿀 먹은 벙어리가 되었으니까요. 게다가 공원에서 카메라도 잃어버렸지 뭡니까? 벤치에 걸어두고 잠시 깜빡했는데 이미 없어졌더라고요. 아쉽긴 하지만 잃어버린 건 잃어버린 거고, 어쨌든 여행은 계속 해야죠. 아이폰이 있으니 이걸로도 사진 찍기는 괜찮아요."

낙천적인 사고 탓에 사고도 크게 개의치 않는 눈치다. 그가 문 군의 손을 보더니 묻는다.

"어이쿠, 추울 텐데 장갑 없어요?"

아낌없이 주고 간 순례자, 이진형

"어제 산길에서 넘어졌는데 덤벙대다 그만 잃어버렸습니다."

"저런, 날씨도 춥고, 오래 걸으려면 필요할 텐데. 잠시만요. 내게 새 장갑 하나가 더 있어요."

그는 가방을 뒤지더니 잃어버린 장갑보다 훨씬 양질의 것을 문 군에게 건넨다. 송구스러운 마음으로 건네받자 그는 다시 지갑을 꺼낸다. 후원을 하려는 것이었다.

"아, 이건 아닙니다. 아니에요. 같은 순례자끼리 이러시면 안 됩니다. 괜찮습니다. 정말 마음만 감사히 받겠습니다."

"우리가 여기서 이렇게 만난 것도 다 인연 아니겠어요? 오랜 여정에 강도도 만나고, 고생도 많이 했다면서요? 암튼 전 이 여행에 필요한 경비가 충분히 있어요. 서로 마음을 주고받으며 나누는 거죠. 안 그래요? 부담 갖지 마시고 받으세요. 부탁입니다. 어서요."

'신이시여, 이 남자에게 오늘 밤 반드시 당신의 축복을 허락하소서. 아니 여정 내내!'

예고 없이 찾아온 행복이다. 물질적인 것으로만 감읍할 만큼 순례자의 가슴이 저렴하진 않다. 진심이 담긴 배려가 찾아드는 순간 그 짜릿한 전율에 가슴이 먹먹해진다. 연륜으

해마다 7월이면 '엔시에로(Encierro)'가 열리는 팜플로나(Pamplona) 거리.

로, 여행으로 그 소박한 기쁨을 아는 남자가 먼저 손을 내민 것이다. 그 손을 맞잡은 문 군 역시 오늘 밤 감당할 수 없는 행복이 찾아오리라.

기꺼이 행복을 나눌 줄 알던 그와 헤어진 문 군은 아직 진정되지 않은 가슴으로 순례자들을 만나 팜플로나 시내를 걷는다. 1926년 헤밍웨이가 집필한 『해는 또다시 떠오른다 The Sun Also Rises』라는 소설 덕에 스페인에서 가장 유명해진 산 페르민 축제가 열리는 곳이다. 불쾌지수가 최고조인 7월이 되면 투우 경기에 출전하는 소들을 길거리에 풀어 투우장까지 몰고 가는 '엔시에로Encierro'가 축제의 백미다. 문 군은 해마다 해외토픽 등에서 이 축제를 조명하는 것을 보면서 맹렬히 질주하는 뿔난 소들을 더욱 자극하다 뿔에 받혀 속출하는 부상자들이 익살스러우면서도 그 모습에 가슴이 철렁 내려앉곤 했던 기억을 떠올려본다.

오후 3시가 훌쩍 넘었지만 아직 점심을 들지 않은 상황이다. 윤리적인 선을 벗어나지 않는다면 구태여 격식을 차릴 필요는 없다. 가장 자연스러운 것이 가장 순례자를 이해할 수 있는 모습이다. 팜플로나는 오랫동안 지대한 영향을 끼친 로마와 바스크 문화를 깊이 감상할 수 있는 나바라Navarra 지방이 시작되는 곳이다. 시내 중심인 카스티요 광장Plaza del Castillo 주변은 역사와 유흥의 미묘한 어울림으로 화려한 자태를 뽐낸다. 그러나 잠시만, 일단 배가 고프다.

저마다의 속도로 걸어온 순례자들이 길바닥에 철퍼덕 주저앉는다. 그리고 재료를 꺼내 묵묵히 샌드위치를 만들기 시작한다. 허기에 다들 말이 없다. 식빵에 치즈와 햄을 넣어 한 층 한 층 쌓다 보니 '카미노 7층 빵탑'이 완성된다. 샌드위치를 한 입 베어 물자 입안에서 팡파르가 터진다. 순례자들의 하루 중 가장 환한 웃음을 볼 수 있는 때다. 솔로몬의 잠언箴言서에는 95번이나 마음에 대해 언급한다. 아마도 삶의 태도를 결정짓는 중요성 때문일 것이다. 길에서 먹지만 마음껏 행복할 수 있는 특권, 행복은 마음에서 출발한다는 걸 순례자들은 눈치채고 있다.

팜플로나의 모든 알베르게가 겨울 시즌을 이유로 문을 닫았지만 괘념치 않는다. 다음 마을 시수르 메노르Cizur Menor까지 불과 5km 거리다. 다시 한 시간가량 건너 어둠이 찾아든 시각과 함께 알베르게에 도착한다. 10유로라는 다소 비싼 가격에 대한 의문을 따뜻한 샤워와 기막힌 맛의 파스타, 푸근한 잠자리가 말끔히 해소시킨다. 게다가 중간에 헤어진 순례자들이 이곳으로 모여들었다. 반가운 마음에 이탈리아의 두 할아버지 안젤로와 조르조를 와락 끌어안고, 스페인의 두 친구인 앙헬과 다비드와는 하이파이브를 하는 문 군.

Felix

문 군은 하루를 되돌아보며 계획에도 없던 행복들이 도둑처럼 찾아온 일들에 대해 감사한다.

국경과 나이를 떠나 시끌벅적한 저녁 수다를 떨면서 함께 순례하는 동지애가 피어오르니 이렇게 풍성한 행복이 언제였는지 문 군은 생각에 잠긴다. 행복은 위대한 일에서도, 아주 사소한 것에서도 찾을 수 있다. 하지만 행복의 씨알은 마음에서 틔워진다는 걸 이 길에서 확인하고 또 확신하고 있다. 문득 문 군은 이들과 계속 순례하고 싶다는 바람이 생긴다. 이유는 달라도 모두가 행복한 사람들이니까.

밤이 깊은 시각. 침대에 오른 문 군은 내일 학교에 가지 않아도 되는 신이 난 아이처럼 「홀리 나잇」을 속삭이며 스르르 잠이 든다. 환상의 네버랜드로 떠나는 피터팬이 되는 행복한 꿈을 꿀 것만 같은 기분으로.

밤이 깊은 시각.

침대에 오른 문 군은

내일 학교에 가지 않아도 되는 신이 난 아이처럼

「홀리 나잇」을 속삭이며

스르르 잠이 든다.

환상의 네버랜드로 떠나는 피터팬이 되는

행복한 꿈을 꿀 것만 같은 기분으로.

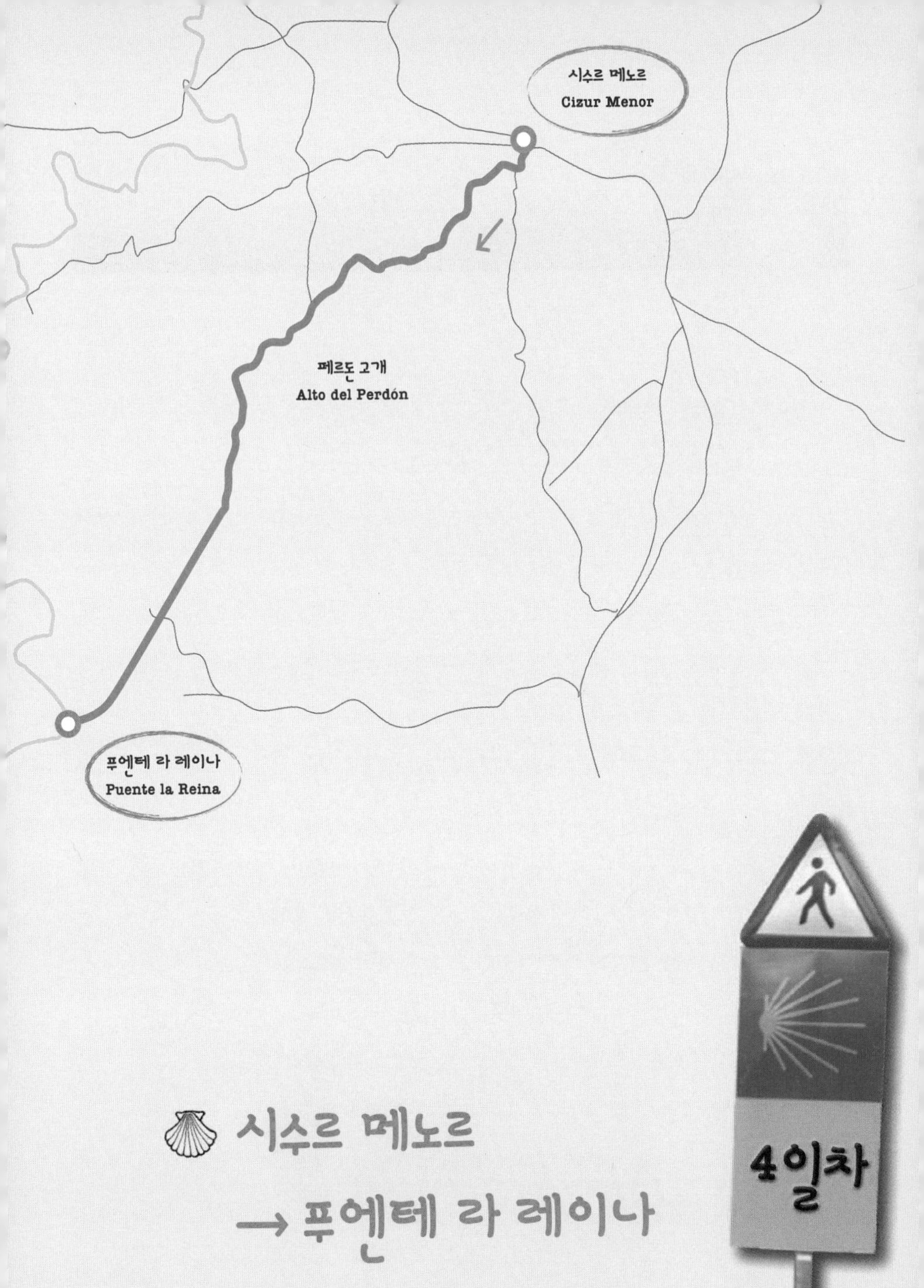

시수르 메노르 → 푸엔테 라 레이나

시련을 넘어 용서를 구하다

문 군은 무르춤해진다. 발길이 머문 곳은 며칠 간 내린 비로 질고, 시선이 머무는 곳은 아득하기만 하다. 이카로스의 날개를 달고 별처럼 먼 거리를 단숨에 좁혀 보고 싶은 마음뿐이다. 한데 좀처럼 가까워지지 않음은 시간의 흐름을 너무 조급하게 여기기 때문일까. 언젠가는 도착할 걸 알면서도 성큼성큼 내딛지 못하는 느린 걸음이 답답하기만 하다. 다행히 들판에 하나 있는 소로가 제법 운치 있다. '에라, 모르겠다'며 문 군, 그냥 길바닥에 대자로 누워버린다. 끝없이 올라가야 하는 부당한 언덕길에 항거하는 외로운 순례자의 치기다. 사실 좀 쉴 때도 됐다.

깔딱 고개는 페르돈 고개Alto del Perdón를 지칭하는 또 다른 말이다. 숱한 순례자들이 인내력을 시험당하며 분투한다는 악명 높은 코스다. 또한 용서와 화해를 묵상한다는 회심의 루트이기도 하다. 세상 편하게 땅과 합일한 문 군은 가야 할 길과 먹구름이 잔뜩 낀 흐리터분한 하늘을 번갈아 보며 김빠진 웃음을 내뱉는다.

'휴, 순례자를 못살게 구는 카미노, 그러니 '미안한 고개'가 당연한 것 아냐?'

여느 날과 다름없는 아침 준비를 마치고 나선 길. 순례 4일째, 문 군은 몸의 작은 부분에서 변화를 감지한다. 자주 뭉치던 근육이 풀어지고, 호흡은 훨씬 부드러워졌다. 더 큰 변화는 생각에 있다. 풍경을 보던 그의 눈에 사람이 보이기 시작했다. 이전에는 문 군이 만나는 사람에게 여행의 초점을 맞췄다. 지금은 문 군을 만나는 사람에게도 기꺼이 마음을 나

누려고 한다. 순례자들의 얘기를 경청하는 것이 그 시작이라고 믿는다.

누군가 그랬다. 불편해지기로 마음먹은 순간, 삶은 풍성하게 변한다고. 그는 아스팔트에서 자전거를 타고 가는 대신 기꺼이 언덕을 올라가는 험한 길을 택했다. 같은 길을 걸으면서, 같이 호흡하고, 같이 느낀 그 감정을 공유하고 싶은 갈망 때문이다. 언제부턴가 그에게 중요한 건 '무엇을 하느냐'가 아닌 '누구와 하느냐'가 되었다. 아무리 좋은 감정이라도 나누지 않으면 오히려 더 큰 외로움에 직면하는 자신을 발견한 것이다.

아무 의심 없이 보이는 완전히 평화로운 들판과 바람에 돌아가는 풍력발전기들이 마음의 근육을 이완시켜 준다. 이렇게 상쾌한 공기가 폐부를 돌아 나오니 영혼도 맑아지는 느낌이다. 현기증이 가실 때까지 한참 누워 있다가 인기척에 게슴츠레 눈을 뜬다. 지나가는 마을 주민에게 잠시 자리를 비켜주려는 것이다. 몹시도 자연스러운 나머지 그도 웃고 문군도 웃는다. 문 군은 등과 엉덩이에 묻은 흙을 대충 털어내고 다시 걷기 시작한다.

샤를마뉴 대제가 이슬람 군대와 싸웠다는 갈라르Galar 마을과 겐둘라인Guenduláin 궁전이 안갯속에 자취를 보였다 감췄다 한다. 이런 한적한 곳에서도 전투를 벌였다니 인간의 신념이 때론 얼마나 집요한 광기를 낳는지 새삼 느끼게 된다. 페르돈 고개를 넘기 3km 전 마지막 마을인 사리키에기Zariquiegui의 산 안드레스 교회Iglesia de San Andrés에서 잠시 목을 축이며 휴식을 가진다. 로마네스크 양식을 구경하며 사진을 찍고 있자니 하나둘 순례자들이 모여든다. 함께 조그만 가게에 들어가 점심으로 먹을 빵과 우유를 챙긴다.

산티아고 길을 걷는 동안만큼은 순례자는 땀과 침묵을 기저로 한 인생관을 갖는다. 자신의 얘기를 자신과 나누는 것이다. 다들 그간 너무 바쁜 세상에서 바쁜 사람들과 부대껴

지내왔다. 자신도 모르게 존엄성과 정체성의 위기에 맞닥뜨린 영혼들이 이 길을 찾는다. 자신이 누구인지, 자신의 인생이 어떤 방향을 가리켜야 할지 알고자 하는 갈급함이 있다. 이곳은 길이 상담소가 되고, 자아가 곧 상담사가 되는 치유의 길이다. 그 기대감을 안고 오는 곳이다.

문 군의 다리가 후들거린다. 표정이 일그러지는 걸 보니 뭔가 단단히 잘못된 모양이다. 오면서 카미노의 상태가 줄곧 좋지 않았는데 기어이 사달이 나고 말았다. 자전거 바퀴가 진흙에 빠져 옴짝달싹 못 하고 있다. 더 난감한 건 이런 상태의 길을 1.5km는 더 가야 한다는 것, 혹 다시 내려가면 한참을 빙 둘러 가야 한다는 것, 진퇴양난이다. 육체적 난관에 부딪히자 곧 심리적 위기에 봉착한다. 이크, 큰일이다.

뒤에서 한 순례자가 터벅터벅 걸어온다. 재희다. 걸음과 푹 숙인 얼굴로 보아 그녀 역시 이 코스가 만만치는 않은 모양이다. 문 군은 숙녀에게 도움을 부탁하기가 영 데면데면하다. 그런데 그녀가 말없이 자전거 뒤로 간다. 그러곤 밀기 시작한다. 괜찮다고 말을 해도 2~3m 간격으로 괜찮지 않은 상황이 펼쳐지니 어찌할 수가 없다. 그녀는 묵묵히 밀고, 또 민다.

잠시 평지가 나오자 문 군은 고마움보다 더 큰 미안함에 "정말 괜찮아요?"라고 묻는 그녀를 앞서 보낸다. 짧은 순간 전력을 쏟은 까닭에 입술선이 바싹 말라온다. 한 모금 물을 털어 넣고 깊은숨을 들이쉰 뒤 다시 자전거를 밀기 시작한다. 팔이 부들부들 떨려온다. 잠시 뒤, 그는 헤어 나올 수 없는 난처함에 이번엔 정식으로 부탁하며 재희를 부른다. 그녀가 다시 온다. 풋 하고 웃음이 새어 나오는 걸 보니 그럴 줄 알았다는 표정이다. 그녀는 저 혼자 가지 않았다. 아마도 양심이 부르는 소리에 귀를 기울였기 때문이리라.

바퀴에 들러붙은 진흙 때문에 앞으로 나아갈 수도 없을뿐더러 무게도 훨씬 무거워졌다. 상황을 타개해 보려 했지만 둘의 힘만으론 역부족이다. 고작 수십 미터 이동에 둘 다 진이 빠졌다. 참을 수 없게 된 문 군은 때마침 지나가던 존과 용규에게 SOS를 보냈다. 사방이 가로막히면 하늘을 보라 했던가. 앞서 가던 순례자와 뒤따라오던 순례자들이 문 군을 구원하러 모여든다. 상황을 파악한 그들은 어둡다고 불평하는 게 아니라 어둠 속에 한 줄기 빛이 되는 걸 택했다.

장정 셋이서 앞에서 끌고 뒤에서 밀어보지만 자전거는 요지부동이다. 문 군은 순례자들에게 그저 미안할 뿐이다. 그는 연신 자전거에 짐을 6개나 달고 산길을 올라오는 것이 과욕이었다고 자책한다. '신념은 좋다. 하지만 고집은 곤란하다'는 말을 곱씹는다.

"안 되겠어요. 가방을 다 들고 페르돈 정상까지 올라가야겠는데요? 우리가 들게요."

"괜찮을까요? 꽤 무거울 텐데."

"괜찮아요. 짐 이리 주세요. 정상까지만 가면 되니까요."

다들 돕는 것에 개의치 않는 태도다. 문 군은 자전거에 있는 짐을 다 풀어 순례자들에게

EHN
EHN

건넨다. 자기 배낭만으로도 이미 벅찰 텐데 거기에 양손에 2개씩 가방을 들고 간다. 그 뒷모습이 든든하면서도 어쩐지 먹먹해진다. 불평 없이 자발적으로 돕는 손길, 그들은 치유를 위해 걷는 동지의 어려움을 좌시하지 않았다. 같은 길을 걷는 자신과 다르지 않은 순례자이기 때문이다. 문 군도 거친 호흡으로 자전거를 들고 뒤따른다. 그리고 직감한다.

'이 친구들, 깊이가 있구나. 인연이 되겠구나.'

공동체Community란 말은 라틴어 '커뮤니스'에서 왔다. '함께 선물이 되는 사람들'이란 뜻이다. 문 군에게 이들은 하늘이 보낸 선물이다. 문 군이 절대 타협하지 않는 확고부동한 원칙은 항상 융통성 있게 행동하자는 것이다. 도움이 필요할 때 도움을 요청하고, 도움을 감사하게 받은 그 다음번엔 반드시 은혜를 갚아야 함이 마땅하다는 걸 잘 알고 있다. 그도 자신이 선물이 될 기회를 호시탐탐 노릴 것이다. 배려의 선순환은 순례를 더욱 값지게 만든다.

뭉클함 때문일까. 감정의 기어가 급히 바뀐다. 문 군은 다시 씩씩함을 되찾아 한 걸음씩 고개를 오른다. 드디어 마지막 돌계단을 딛고 페르돈 고개 정상에 섰을 때, 그는 깊은 환희에 젖는다. 몹시 세찬 서풍이 몰아쳤지만 이 순간의 고요한 희열을 깨뜨리진 못했다. 험난한 좌절을 와락 끌어안아 희망을 제시해 준 길이다. 외로움이 아닌 발랄한 순례의 가능성을 열어 준 카미노다.

문 군은 문득 언덕 아래를 굽어보며 자신에게 용서를 구한다. 순례자들을 보며 자신의 무익함을 탓한다. 누구에게 한 번 자애롭지 못했던 지난날 자신을 돌아본다. 자신 안에만 갇혀있는 자기애로 영혼이 피폐해져만 간 건 아닌지 물어본다. 혹 어쩌다 내민 손에는 진

정성이 있었는지 반문도 해본다.

문 군은 오늘, 용기를 얻었다. 순례자들을 통해 자신이 가지지 못한 큰 것들을 보았다. 그들로부터 알아챘다. 삶이 가장 필요로 하는 것은 외롭지 않다는 걸 끊임없이 확인시켜 주는 서로 간에 배려라는 것을, 도도한 자기애가 독버섯처럼 퍼지면 그 후유증으로 외로움을 만들어 낸다는 것을, 햇살 머금은 미소로 먼저 다가가는 자에게 썩은 곰팡이 같은 외로움이란 결코 생길 수 없는 법이란 것을, 이 길에서 명명백백하게 알아가고 있다.

배가 침몰하지 않으리라는 것이 보장만 된다면 폭풍우에 맞서는 것은 꽤나 재미있을 것이다. 문 군은 카미노 데 산티아고를 의미 있게 완주할 것이라는 믿음이 있다. 그 믿음을 오늘 순례자들에게서, 자신에게 용서를 구하면서 찾았다. 페르돈 고개 정상에는 철재로 만든 순례자 형상들이 위풍당당하게 서 있다. 그가 가만히 다가가 포즈를 취했다. 순례자들이 보여준 가슴 시린 감격의 여파가 아직 가시지 않고 있다.

인생에 가장 필요한 한 마디 "수고했어"

"다들 어디 있나요? 대답 좀 해 보세요!"

"……."

"야! 대답 좀!"

"……."

성대가 간지러울 정도로 외쳐본다. 돌아오는 건 산자락에 맞고 튕겨 온 공허한 메아리뿐이다. 숨을 할딱거리던 문 군은 더욱 조급해진다. 어서 순례자들을 만나야 한다. 골목을 뒤지고, 교회 안을 들여다보며 순례자들의 자취를 캐보지만 연신 도리질만 하게 된다. 날이 저물어 간다. 그의 얼굴도 울상이 되어 벌게지려 한다.

페르돈 고개를 넘고서 문 군은 순례자들과 헤어졌다. 진흙을 잔뜩 먹은 자전거 상태도 좋지 않았지만 체력을 과하게 소진했다. 그 탓에 가파른 내리막 돌길인 우테르가Uterga 코스로 가기엔 무리가 따랐다. 별수 없이 처음으로 자전거를 타고 내려가기로 했다. 111번 국도를 타고 단숨에 푸엔테 라 레이나Puente la Reina에 도착했다. 그러나 문 군은 알베르게에 짐만 내려놓은 채 다시 자전거를 타고 페르돈 언덕으로 향했다. 남겨진 순례자들에게 가는 것이다.

'순례자들의 짐을 들어줘야 해. 페르돈 고개를 오르면서 정말 많은 도움을 받았어.'

간결한 이유다. 마음이 즐겁다면 백 리 길도 가뿐하지만 그렇지 않다면 건넛방 가는 것

도 지겨운 법, 지금 문 군은 질풍같이 내달린다.

한참을 둘러봐도 순례자들의 모습이 보이지 않는다. 7km 되는 카미노 구간을 역주행해 왔는데도 흔적 하나 없는 걸 보니 조바심만 더해간다. 바로 코앞이 페르돈 고갠데 대체 어디서 놓친 걸까? 혹 다른 길로 가버린 걸까? 괜히 헛수고만 한 건 아닐까? 마른 바람이 훑고 가는 황량한 카미노에서 어쩔 줄 몰라 서 있는 문 군의 염려는 깊어간다.

사실 그는 속셈을 가지고 있다. '토닥토닥' 위로가 필요한 문 군, '수고했다' 이 한마디가 듣고 싶었다. 누군가를 위한 작은 배려 속에 자신에게 돌아올 격려 한마디를 기대했다. '고마워, 네가 우리에겐 이만큼 소중하고 필요한 존재야.'라는 반응은 자기 존엄성을 높여준다. 어쩌면 그는 오롯이 자신을 위해 누군가를 도우려고 하는지도 모른다. 배려가 치유책이 되는 작은 이기심의 발로에서 말이다.

이기적으로 오염된 동기일까. 그러기엔 인간은 누구나 관심과 인정을 갈망한다. 관계 속에서 누군가의 터치는 싫어하고, 계산은 꼼꼼히 따지고, 타인의 감시 같은 시선만 의식한 나머지 너무 쿨한 척해버린 삶들. 또 상처받기는 싫고, 위로는 받고 싶고, 그런데 자존심은 포기 못해 먼저 손 내밀지 않으니 점점 외로움이 깊어만 가는 삶들. 눈치 없이 교거했던 문 군 역시 헛헛한 쿨함의 난도질에 심리적 치명상을 입었다가 오랜 여행을 통해 회복하는 중이다.

미로처럼 얽힌 골목을 벌써 수 번째 돌고 있다. 한참을 헤맨 끝에 마침내 노을을 안고 가는 희미한 실루엣을 발견한다. 저벅저벅 걸어가는 순례자들이다. 자세히 보니 아까 지나온 골목길이다. 길이 엇갈린 모양이다. 반가움이 앞선 그의 입꼬리가 올라간다. 가쁜 호

흡을 채 거르기도 전에 여자 순례자들의 배낭을 거둬 하나는 자전거 짐받이에 싣고 다른 하나는 어깨에 멘다. 그러곤 앞서 가는 남자 순례자들과 보조를 맞춰가며 걷는다. 페르돈 고개에서 진 빚을 조금은 갚았단 생각이 든다. 어깨는 뻐근해도 마음은 봄날의 새싹을 틔우는 햇살 같다.

중간에 우회 루트를 이용해 에우나테Eunate로 가 순례자들의 영혼에 아늑한 쉼을 안겨주는 산타 마리아 성당을 보고 싶었지만 돌아갈 길이 부담스럽다. 나바라 귀족들이 군주들의 권력을 제한하기 위해 '민중과 나라를 위한 자유'라는 슬로건을 내걸고 모였다는 오바노스Óbanos를 지나 언덕을 넘는다. 서쪽 하늘로부터 붉은 햇살 주머니가 터지기 시작한다. 걸음을 서둘러야 한다.

마침내 도착한 왕비의 다리, 푸엔테 라 레이나. 중세 시대, 산초 3세의 왕비였던 도냐 마요르Doña Mayor의 지시로 아르가 강 사이에 순례자들을 위한 로마네스크 양식의 다리를 만든 것이 마을 이름의 유래가 되었다. 마을 입구에 위치한 후쿠에 호텔Hotel Jukue에선 순례자상이 먼저 순례자들을 맞는다. 아마 카미노의 굵직한 루트인 프랑스 길과 아라곤 길이 만나는 의미 있는 지점이라 세워진 듯하다. 겨울철엔 문이 닫혀 있어 순례자들은 지친 걸음을 이끌고 마요르 광장 앞 파드레스 알베르게로 간다.

어둑해진 길에서 밝은 빛을 찾아 마침내 숙소에 도착한 순례자들은 서로 '수고했다' 격려하며 오늘 순례의 마무리를 알린다. 문 군은 순례자들이 편히 쉴 수 있게 미리 자리 배정을 끝내놓았다. 긴장이 풀어지면 피곤이 몰려온다. 다들 곤한 탓에 자신의 자리를 찾아 쉬거나 필요한 일을 보려던 그때였다. 갑자기 한 순례자가 급히 문을 밀고 들어왔다. 무슨

일에선지 그는 세상에서 가장 기쁨이 넘치는 얼굴이었다.

무명의 순례자는 바삐 움직였다. 그는 가방을 뒤적거리더니 초콜릿과 비스킷과 사탕을 푸짐하게 테이블 위에 내어 놓았다. 얼핏 봐도 수 명이 배불리 먹을 수 있는 많은 양이다. 그가 누군지, 왜 그러는지 아무도 몰랐다. 누구도 섣불리 그에게 자초지종을 물어볼 타이밍을 잡지 못했다. 남자는 씩 만족한 웃음을 짓고는 순례자들에게 잘 먹으라는 얘기만 남긴 채 바로 사라졌다.

"나도 같은 순례자요. 내게 이것들이 많이 있으니 그저 나누려는 것뿐이요. 잘 드시오."

문 군과 용규, 앙헬, 다비드는 어떤 설명도 하지 못한 채 미묘한 난류 속에서 서로 바라볼 뿐이다. 그저 낯설기 그지없는 이 야릇하고도 달콤한 여운에 대한 감정을 해석하려 애썼다. 무명의 순례자는 아무런 대가 없이 자신의 것을 내어 주었다. 홀연히 떠난 그의 얼굴은 다시 말하지만 기쁨 그 자체였다. 그 달콤한 감동의 순간에 혼자가 아니란 사실이 문 군을 더없이 행복하게 만들었다. 문 군은 같은 시간, 같은 공간에 있던 이들과 같은 공감대를 형성하며 벅찬 감정을 교류할 수 있게 되었다. 뒤늦게 소식을 들은 안젤로와 조르조도 얼굴에 홍조를 띤 채 덩달아 함박웃음을 보였다.

지글거리는 소리, 군침 돌게 만드는 냄새, 분주한 손놀림이 있는 부엌. 재희와 진이 오랜 시간 투자해 만든 볶음밥과 돼지고기로 저녁 만찬을 즐긴다. 다비드도 두툼한 고기를 넣은 샌드위치를 만들어 순례자들과 함께 나눈다. 분위기를 돋우는 포도주는 순례자들에게 마냥 평화로운 여유를 선사한다. 어쩌면 순례는 내면과 음식, 이 두 가지에 대한 성찰이 전부일지 모른다. 그러고 보니 카미노에서 순례자들이 과식한 뒤로 분을 내는 경우를

문 군은 도무지 본 적 없다.

식사 후 '구름과자'를 사랑하는 남자들은 밖으로 나가 밤이 이슥하도록 깔깔거리며 도란도란 얘기를 나눈다. 문 군은 비흡연자들과 함께 실내에서 영화와 쇼 프로를 보며 잡담을 나눈다. 안이든 밖이든 감히 부정한 감정이 틈탈 수 없을 만큼 완벽히 친밀한 하모니가 연출된다. 아마 쉬지 않고 먹어도 될 만큼의 많은 초콜릿도 분명 분위기 일조에 한몫했을 것이다.

누군가의 작은 반응일지라도 삶을 송두리째 바꾸는 큰 반향을 일으킬 수 있다. 문 군은 순례자들이 정말 좋아지기 시작했다. 남의 이야기에 눈을 동그랗게 떠 정겹게 반응하고 일신의 안위보다 다른 순례자를 먼저 배려하는 모습에 깊이 매혹되고 있다. 다들 알고 있다. 귀를 눈보다 존귀하게 여겨야 더 지혜로워진다는 걸, 조금만 배려하면 곤란한 상황에서도 모두가 감사하게 될 거란 걸, 그리고 베푼 인정은 더 큰 선물로 자신에게 돌아온다는 걸.

오후까지만 해도 문 군은 '수고했어' 한 마디가 절실히 필요했다. 하지만 '수고했어'라고 말해주는 것이 더 달콤한 위로란 걸, 자신이 받는 위로는 결국 자신이 베푸는 배려의 작은 조각이란 걸 알게 되었다. 인격적인 순례자들과 함께하며 그들을 전적으로 신뢰하게 된 문 군, 이제 모두의 안녕을 위해 아침마다 힘차게 외치기 시작한다.

"자자, 순례자 여러분, 오늘도 건강하게, 안전하게, 감사하게 순례합시다!"

저녁에도 외친다.

"다들 수고했어요!"

〈진정한 여행 - 나짐 히크메트〉

"가장 훌륭한 시는 아직 쓰이지 않았다.
가장 아름다운 노래는 아직 불리지 않았다.
최고의 날들은 아직 살지 않은 날들
가장 넓은 바다는 아직 항해되지 않았고
가장 먼 여행은 아직 끝나지 않았다.

불멸의 춤은 아직 추어지지 않았으며
가장 빛나는 별은 아직 발견되지 않은 별
무엇을 해야 할지 더 이상 알 수 없을 때
그때 비로소 진정한 무엇인가를 할 수 있다.

어느 길로 가야 할 지 더 이상 알 수 없을 때
그때가 진정한 여행의 시작이다."

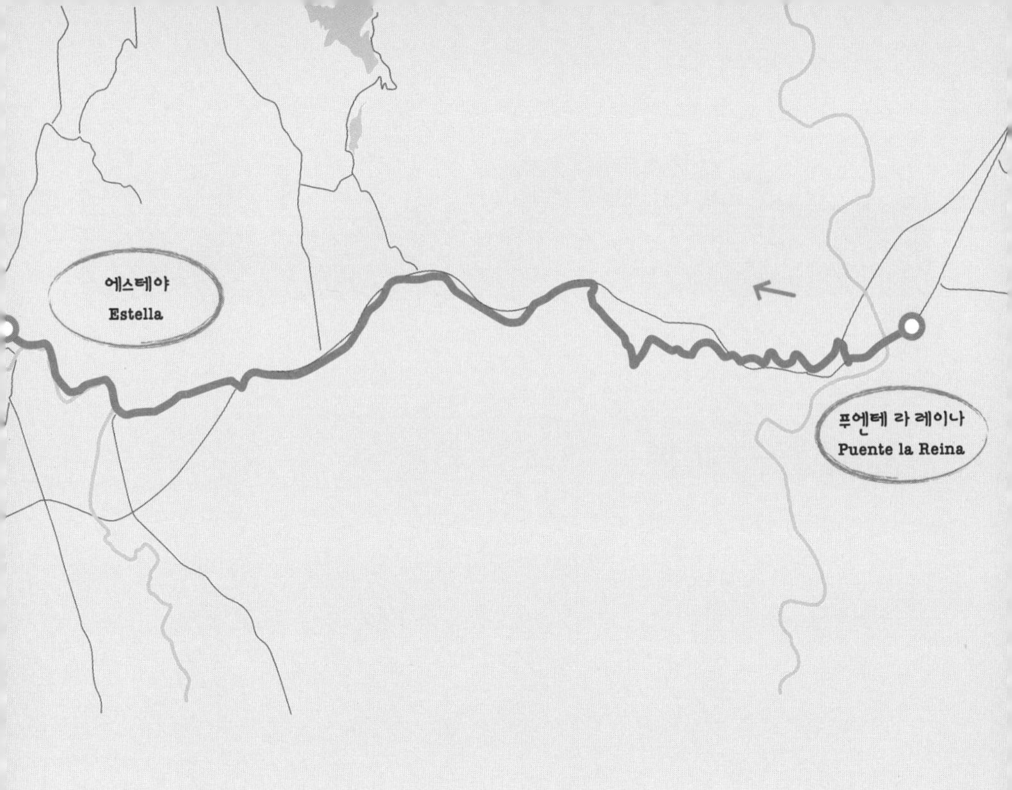

푸엔테 라 레이나 → 에스테야

내 이탈리아 친구는 일흔 청춘

아직 공기가 차다. 별 가루도 남아있다. 가로등 불빛만 붉게 퍼지는 새벽 골목, 네 남자가 정적을 뚫는다. 문 군은 앙헬, 다비드, 그리고 중간에 합류한 로베르토, 이렇게 스페인 친구 세 명과 함께 오늘 순례의 걸음을 시작한다.

"갑시다! 건강하게, 안전하게, 감사함으로!Vamos! Salud, Seguridad con gracias!"

구호를 외치고 의욕적으로 출발하지만 역시 서양 청년들과 체력을 견주기엔 역부족이다. 수녀 마을Barrio de las jas에서 뒤처지더니 연거푸 만나는 언덕에서 간격이 계속 벌어진다. 뻐근한 어깨, 부들부들 떨리는 팔, 자꾸 밀리는 발. 너무 힘들어 악을 쓰는 문 군의 눈엔 눈물이 또르르 흐를 것만 같다. 보고타 수도원Monasterio Bogotá에 이르자 순례자들의 뒷모습이 저만치 멀어져 간다. 앙헬이 뒤돌아보자 문 군은 먼저 가라며 손을 휘이휘이 민다.

지친 문 군은 풀썩 땅바닥에 주저앉는다. 서두르느라 아침도 못 챙겼다. 빈속에 무리해선지 하늘이 핑핑 돈다. 바로 앞에는 문 군을 희롱하는 급한 경사의 골짜기가 나타난다. 기분이 '꽁기꽁기해진' 문 군은 이 길이 괜스레 얄미워진다. 일어설 힘도 의욕도 없다. 미리 챙겨 둔 우유와 비스킷으로 간단히 배고픔을 달랜다. 아무 생각 없이 드러누워 늘어지게 하품한다. 잠시 뒤 안젤로와 조르조가 저만치서 모습을 드러낸다.

"문, 여기서 뭐 하시나? 힘든가 보군. 좀 도와줄까?"

"와, 구원자가 납셨네요. 그래 주면 고맙죠."

자전거로 올라가기에 꽤 만만찮은 골짜기다. 두 할아버지는 오르막이나 길이 끊어진 카미노에서 매번 끌어주고, 밀어주고, 또 기다려 주었다. '엄청나게 엄청나고, 대단히 대단하며, 어마어마하게 어마어마한' 아름다운 동행이었다. 내리막이 이어지는 마녜루Mañeru를 지나 중세풍의 매력을 지닌 시라우키Cirauqui를 향해 계속 걸었다. 배려가 가진 상수는 갈등이 만들어 내는 변수를 잘 보듬는다. 문 군은 어제부터 고정 배려값을 지닌 순례자들로부터 진한 고마움을 느낀다. 덕분에 계속 거룩하고 풍요로운 감정지수를 뽑아내고 있다.

"미안해요."

맘과 다르게 뱉는 말이다. 그렇지만 진심이다. 다른 말로 포장할 수 없는 진실한 미안함이 든다.

"무슨 말인가? 괜찮다네. 도움이 필요하면 같이 도와야지."

노회함이 엿보이지 않은 오랜 정인 같은 안젤로의 웃음, 지금 문 군에게 힘이 된다. 순례자가 많지 않은 겨울, 금방 헤어질 줄 알았던 서로가 제법 오래 붙어있다. 어떤 이유를 가지고 이 길을 걷는가에 상관없이 다들 근원적 외로움을 타는 걸 숨길 수는 없다. 그래서 일까. 자신을 꾸밀 필요없는 이유로 만난 외로운 이들끼리 서로 정이 많이 들었다. 나도, 너도, 포장을 벗기고 자존심도 버려야만 무엇이든 온전히 만날 수 있는 길 위에 있다.

"아주 단순한 질문 하나 던지겠네. 자네, 내가 이탈리아에 있을 때와 스페인에서 순례할 때 달라진 점이 뭔 줄 아나?"

안젤로가 묻는다. 문 군은 궁금하지만 속내를 알 수 없다. 숨을 고르던 그가 너털웃음을

앙헬, 로베르토, 다비드. 스페인 경제 불황의 파고를 온 몸으로 맞으며 힘겹게 버티고 있는 이들에게 카미노는 답을 줄 수 있을까? 혹 위로라도.

짓고선 대답한다.

"와이프가 있느냐, 없느냐의 차이지. 카미노를 걸을 때마다 아내의 소중함을 느껴. 익숙한 손길에서 벗어나는 게 처음엔 자유스러웠지만 내가 돌아갈 곳은 역시 집밖에 없다는 걸 깨닫지. 벌써 아내가 그립지 뭔가."

"이탈리아로 돌아가고 싶은 거예요?"

"글쎄, 그보다 아내한테 가고 싶은 거지. 오랜 시간 집을 비워야 하는데도 군소리 않고 허락해 준 아내가 고마울 뿐이야. 하지만 내 걱정에 마음 졸이며 기다릴 걸세. 남자는 죽을 때까지 아이일 수밖에 없잖나. 사실 아침에 와이프가 해주는 커피가 얼마나 향긋한 줄 몰라. 일터에 나가기 전 그녀가 해주는 오믈렛과 커피 한 잔은 나로선 더없는 기쁨이라네. 그때마다 아내를 정말 사랑하는 나를 보게 되지. 자네, 순례 마치면 우리 집에 오시게. 아내의 오믈렛을 꼭 맛보게 해줌세. 아마 알베르게와는 비교할 수 없는 쉼이 될 걸세."

"듣던 중 반가운 소리군요!"

"내겐 이번 순례가 참으로 귀해. 여러 여행을 다녔지만 그때마다 단순히 즐기는 게 목적

모험 없는 삶이란, 삶을 버리는 모험이다.

이었어. 근데 이번만큼은 가톨릭 신자로서 순례하며 끝까지 걸어보고 싶어. 한 가지 이유가 더 있지. 여기 내 오랜 친구 조르조, 아마 이 친구와는 생의 마지막 여행이 될지도 모르겠군. 우린 산티아고 순례를 함께 한지 벌써 세 번째야. 그런데 그때마다 사고가 생겨 완주할 수가 없었어. 이상하지? 혼자서 여행 다닐 적엔 무탈했는데 말이야. 이젠 기약이 없어. 내 나이가 벌써 일흔이야. 언제 또 이렇게 나올 수 있을지 몰라. 그래서 지금이 소중한 거야."

말 수가 적은 조르조가 안젤로의 말에 엷은 미소를 띤다. 일흔의 안젤로, 그보다 세 살 적은 조르조, 두 노인은 몇 년 전에도 이 길을 걸은 적이 있다. 비록 사고에 의한 컨디션 저하로 완주는 못 했지만 다시 오고 싶었을 만큼 여운이 깊었단다. 친구와 함께 인생을 정리하며 걷는 길, 언젠가 오래도록 눈을 감을 때가 가까워져 오면 흑백 영화의 한 장면처럼 아련히 스쳐 지나갈 더없이 값진 추억이 되리라. 조금 더 걸으니 돌탑들이 보인다. 순례자들이 소원을 빌며 쌓은 것이 세월이 흘러 돌탑지대를 형성한 곳이다.

문 군이 돌탑에 돌 하나를 더 얹으며 소원을 빈다.

"안젤로와 조르조, 당신들의 순례가 무사히 끝나길 소망합니다."

"자네 소원은 뭔가?"

"할아버지, 노총각 소원이 뭐 별거 있겠습니까?"

"그래? 흠, 그럼 자네는 아주 예쁜 처자를 만나도록 하게. 우리 와이프처럼 말이야. 하나 더 붙여서, 자넨 아직 젊으니 걸어서 한국까지 가게나!"

가벼운 농을 던진 후 세상에서 가장 해맑은 표정으로 웃는 안젤로의 얼굴은 꺼끌꺼끌 시들어 있었다. 하지만 접힌 주름들은 그의 인생이 참 아름답게 흘러갔음을 말해주고 있다. 그리고 이제 그 얼굴에 다시 꽃이 핀다.

시라우키에 도착한 문 군의 점심은 우유와 견과류. 그는 두 청춘 순례자에게 견과류를 건넨다. 조르조는 소리 없는 미소로 문 군에게 초콜릿과 소시지를 건넨다. 끈끈한 유대감이다. 정이다. 순례자 스탬프를 찍을 수 있는 산 로만 교회Iglesia de San Román에서 셋은 아무 간섭 없이 망중한을 즐긴다. 각자에게 의미가 될 사색에 잠긴다.

"이봐. 자네가 힘들면 포기하지 않도록 언제든지 도와주겠어. 그러니 끝까지 같이 가는 거야. 카미노 데 산티아고에서 우린 친구 아닌가!"

별안간 던지는 안젤로의 한 마디, 느낌표는 방망이가 되어 머리를 때리고, 제어하기 힘든 울림으로 문 군은 울컥한다. 그는 그저 '고맙다'는 고마움을 다 채울 수 없는 앙상한 인사를 건넬 뿐이다. 70년간 숙성된 행복할 줄 아는 노인의 한 마디 때문에 가슴에서 콧등으로 올라온 시큰한 감정선이 계속 차오른다. 문 군 눈이 자꾸 뻑뻑해진다.

카미노에선 개인주의만큼 낯 뜨거운 게 없다. 혼자만의 고요한 묵상도 좋고, 도전을 위한 트레킹도 좋다. 하나 자신만 홀로 이 길을 차지해 누리려고 해서는 곤란하다. 조금 손해

보면 더 행복한 길, 조금 불편하면 더 감사한 길이 된다. 행복과 감사는 혼자만 누릴 때 가장 외롭고 슬픈 법, 나눠야 한다. 이 길 위에서 같이 행복할 수 있도록, 같이 감사할 수 있도록.

문 군, 안젤로 덕에 순례의 진수를 맛본다. 배려의 경의에 심취된다. 고여 있는 침을 삼키니 무척 달다. 햇살 가루가 뿌려지고, 마음도 덩달아 달다. 달콤한 순례는 계속된다.

별을 찾아 별까지 온 순례자들

"4개월이요?"

"넌 5년째라며?"

"맙소사, 로마까지요?"

"넌 세계 일주라며?"

여유롭게 받아치는 말투가 수상쩍다. 루이사Luisa, 그녀는 순례 목적지인 산티아고 데 콤포스텔라Santiago de Compostela에서 출발, 카미노를 거꾸로 거슬러 가고 있다. 로마에 있는 집까지 4개월간 걸어갈 예정이란다. 문 군은 깃털 장식으로 포인트를 준 긴 지팡이에 시선을 주다 다시 그녀를 훑어본다. 에스테야Estella로 가는 모든 순례자가 착용한 장갑과 모자가 그녀에겐 없다.

"춥지 않아요?"

“뭐, 가끔. 그러니 나도 너처럼 따뜻한 사람들을 만나고 싶어. 춥지 않게 말이야.”

“그래도 그렇지, 어떻게 걸어서 로마까지 가나요?”

“왜 안 돼? 너도 세계를 돌고 있잖아! 한 걸음 한 걸음 가다 보면 마침내 도착해 있을 거라고. 멀리 있는 걸 보고 지레 겁먹지 말고 가까이에 있는 것을 보고 용기를 얻었으면 좋겠어.”

‘Why not?’, 그녀의 철학이다. 순간 문 군은 움찔한다. 처음 자전거 세계 일주를 시작했을 때 가졌던 야성이 사라진 지 오래다. ‘Why not?’ 정신, 중년의 그녀에게서 다시 발견한다.

“암튼 대단하시군요.”

“대단하긴 뭘. 난 그저 하루하루 최선을 다할 뿐이야. 그러다 뒤돌아보면 언제나 너무 멀고 흐릿해 보여 막연했던 일들이 내 뒤로 지나가고 있는 걸 깨닫게 되지.”

“오호, 꽤 괜찮은 철학인데요?”

“모든 순례자는 다들 자신만의 철학이 있지 않을까? 너도 너만의 생각이 있지 않아?”

"생각이야 늘 하죠. 행동이 안 따라주니 문제지."

"일부러 고귀한 걸 목표로 살지 않아도 돼. 오히려 그것 때문에 일도 그르치고 스트레스 받을 수 있으니까. 네가 즐길 수 있는 걸 삶의 가치로 삼아봐. 네가 행복하다면 그게 바로 고귀한 삶이야."

"그렇지만 난 나뿐만 아니라 남도 같이 행복해지는 삶을 살고 싶은 걸요? 그게 고귀한 거 아닌가요?"

"난 너만 행복하라고 한 적은 없는걸? 다른 사람과 같이 행복을 공유하는 첫 번째 조건은 바로 네가 먼저 행복해지는 것 아닐까?"

살라도 강Rio Salado을 가로지르는 중세 순례자 다리Puente Medieval에서의 우연한 마주침, 남은 하루가 더 좋은 시간이길 바란다는 그녀는 '부엔 카미노'를 고하며 느린 걸음으로 가던 길을 떠났다. 먼저 스스로 행복해져야 할 필요가 있는 문 군은 그녀의 뒷발치에서 '부엔 카미노'로 화답한다.

순례자 다리에는 한가로이 낮잠 자는 다비드가 있다.

"다른 친구들은? 먼저 간 거야?"

"응. 어제부터 다리가 계속 아파 못 따라가겠는 거야. 게다가 지금은 허리까지 문제네. 그래서 먼저 보냈어. 난 그냥 천천히 가려고."

"저런, 빨리 회복되어야 할 텐데. 그럼 오늘은 많이 못 걷겠네."

"응, 아마 당분간은 너랑 같은 페이스로 가게 될 것 같아."

사실 어제부터 스페인 친구들은 조금 더 서두른다며 길을 재촉했던 터다. 심지어 못 볼

걸 가정해 작별 인사까지 나눴다. 문 군은 좋은 길동무와 헤어지는 것이 내심 서운했던 터다. 그런데 다비드가 뜻하지 않은 발목 부상으로 페이스가 처졌다. 문 군은 그의 발목 상태를 걱정하면서도 한편으론 친구들을 다시 만난다는 생각에 은근 기분이 들뜬다. 둘은 목적지인 에스테야까지 같이 걷기로 한다.

"문, 난 정말 이렇게 조용한 동네가 좋아. 공해도 없지, 바쁜 것도 없지, 사람들도 친절하고, 나 역시 여유를 찾을 수 있거든."

"그럼 대도시는 별로인 거야? 여행 많이 다녔다며?"

"맞아. 그런데 여행을 하면 할수록 런던이나 마드리드, 바르셀로나 같은 혼잡한 대도시

는 싫어져. 다른 사람들의 생각을 유추해야 하고, 거기에 맞게 자신을 바꾸는 것이 싫거든. 그냥 솔직하게 있는 그대로 만나고, 이해하고 싶어."

문 군과 다비드는 보폭을 맞추며 마음을 나눈다. 시간마다 10분씩 쉴 땐 서로 간식도 챙겨준다. 남자 둘이 서로 살갑게 사진도 찍어주면서 잘도 간다. 웃기도 잘한다.

"문, 어쩌다 이 순례를 하게 된 거야?"

"그냥 뭐, 사실 날라리이긴 한데 교회 다니거든. 마르틴 루터 알지? 그 사람의 용기와 지혜를 존경해. 독일 비텐베르크에 갔었을 때의 감동이 아직도 남아있어. 실은 이 순례도 할까 말까 고민하다가 그 감동의 연장 선상에서 야고보의 발자취를 더듬어보고 싶었던 거야. 그동안 나 자신에게 좀 미안했거든. 좀 더 경건해질 필요가 있는데, 좀 더 나를 사랑해야 하는데, 그러지 못했어.

분명 이기적으로 살았거든. 근데 살다 보니 관심사가 나 자신이 아닌 다른 사람들의 생각과 행동이더라고. 참 아이러니하지? 이기적일수록 나보다 다른 사람에게 집중하게 되는 거야. 비교하는 거지. 눈치 보는 거지. 뭔가 아니다 싶었어. 그래서 카미노에선 야고보가 걸었던 의미를 묵상하며 나에게 집중하는 시간을 가지려고 해. 다비드, 넌?"

"난 어렸을 땐 이따금 성당에 갔었어. 그런데 커 갈수록 부정적이 됐어. 신앙이 자꾸 종교 활동이 되고 구속된 형식이 되니까 싫어졌거든. 길을 걸으면서 바람과 풀과 하늘과 구름 등을 보면서 묵상에 잠기는 게 좋아. 그러다 보면 깨달음이 있는 것 같아.

내가 이 길을 걷는 또 하나의 이유는 현실적인 거야. 직업 때문에 미래에 대한 확신이 없는 거지. 나중에 결혼이라도 하려면 취업을 해야 하는데 뭘 해야 할지 모르겠어. 취직이

쉬운 것도 아니고 말이야. 일단 건축 쪽으로 생각하고 있는데 생각할 시간이 더 필요해. 혹시 눈치 못 챘어? 지금 길을 걷고 있는 청년들 모두 무직 상태라는 걸. 스페인 경기가 최악이야. 앙헬도 농장에서 일하다 왔고, 로베르토도 구직 상태야. 무엇보다 앙헬이 특히 걱정 돼."

"앙헬이?"

"봐, 사람이 참 좋잖아. 항상 웃고, 남들 배려 잘하고, 분위기를 화목하게 만드는 재주가 탁월해. 그런데 말이야, 이 녀석이 도통 공부를 안 해. 그래서 만날 남의 밑에서 일만 하게 되는 거야. 성격은 좋지만 딱 이용당하기 쉬운 타입이지. 그게 걱정되는 거야. 나중에 큰 상처를 받게 될까 봐."

맞다. 문 군도 알고 있다. 앙헬은 최근 순례자들의 인기를 독차지하고 있는 중이다. '보라, 매사 긍정적인 천진난만한 웃음과 항상 남을 먼저 챙기는 그의 인격을!' 문 군은 늘 다른 순례자들에게 그를 배울 만한 인물로 칭찬하곤 했다. 순례자들 역시 그의 이름대로 '천사'라고 부르며 좋아하고 있었다. 그는 순례자들 사이에서 인정받는 최고의 분위기 메이커다.

그런데 너무 착한 게 탈이다. 사람을 철석같이 믿고 따른다. 다혈질 하면 뒤지지 않는 스페인 청년인데도 도무지 화를 낼 줄 모른다. 어쩌다 서운한 일이 생기면 대꾸도 못 하고 눈물만 그렁그렁 흘릴 기세다. 그가 있는 곳에는 갈등이 있을 수 없다. 애초에 모든 걸 희생하면서 남에게 맞춰주는 타입이기 때문이다. 그게 그의 방식이었다. 이렇게 순수할 수도 있나 싶었다. 그 착하디 착한 청년에게 문 군이 매번 권유하는 건 단지 금연뿐이었다.

그대는 진정 유쾌했네, 마르코스(Marcos).

천사의 유일한 낙이자 스트레스 해소 방법이 잦은 흡연이기 때문이다. 문 군과 다비드는 앙헬 걱정을 하며 비야투에르타Villatuerta를 지나 에스테야에 들어섰다.

기부로 운영되는 알베르게에 오후 4시쯤 도착했다. 두 남자가 걱정해 마지않던 앙헬은 이미 짐을 풀고 쉬고 있었다. 문 군은 우선 며칠 밀린 빨래부터 한다. 뜨거운 물에 세제를 풀고 기다렸다가 손으로 꾹꾹 비벼주고, 발로 밟아주면 효과가 그만이다. 잠시 후, 순례자들이 속속 도착한다. 오전에 문 군과 같이 걸었던 안젤로, 조르조 할아버지와 마르코스, 로베르토, 재희, 존, 진, 용규까지. 문 군은 두 할아버지를 환영하며 반갑게 안는다. 카미노에서 하루 한 번 꼭 포옹하는 순례자 동지들이다.

순례 첫날 순례자들에게 강한 인상을 남겼던 마르코스. 지축을 흔들 만한 코골이와 아프리카 음악 알람 소리로 잠자는 순례자들을 킥킥대게 만든 장본인이다. 그가 떠난단다. 유쾌한 사람이 떠나는 자리는 언제나 아쉬움이 짙다. 순례자들은 다들 배웅 나와 그의 여정을 격려한다. 카미노에서의 첫 번째 이별, 이제 막 정이 들기 시작해서 그런지, 아직 헤어짐이 적응되지 않은 탓인지, 문 군은 뭔가 표현할 방법을 모르겠는 아쉬운 마음이 든다.

저녁은 모두 한자리에 모여 자원봉사자hospitalero가 차려준 식사를 들며 교제를 나눈다. 문 군은 순례자들에게 한국의 서열 문화를 설명해 준다. 스페인 친구들은 나이로 따지는 관계가 여간 흥미롭지 않은 표정이다. 특히 나이에 따라 달리하는 인사법과 두 손으로 포도주를 따르며 손윗사람에게 대하는 예절을 집중적으로 익힌다.

문 군에게 '형니~임'하며 깍듯하던 앙헬과 다비드는 자신들보다 어린 존과 용규에게 형님 행세를 하며 제대로 대접받으려 하니 그 어색한 모양새에 다들 파안대소한다. 안젤로와 조르조는 이 상황을 즐기며 큰 어른 대접을 톡톡히 받는다. 잠시 즐긴 한국의 서열 문화를 통해 순례자들의 우애는 더욱 돈독해진다. 식사 후 전보다 더 친밀한 친구가 된다. 사실 카미노에서 나이는 무의미해진 지 오래다.

하현달이 탐스러워지는 시간, 다비드는 순례가 끝나면 바로 광속으로 입대해야 하는

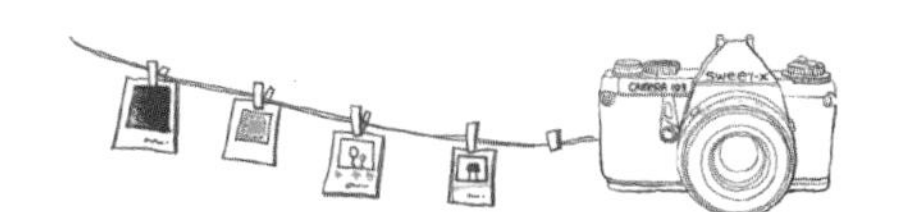

앙헬(Angel).

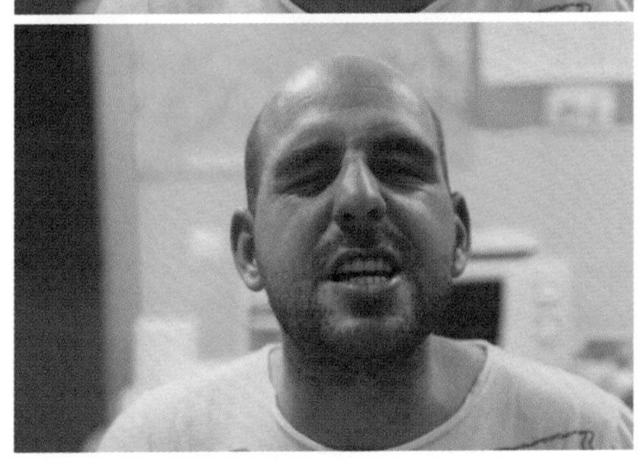

용규와 재잘재잘 수다를 떤다. 관심이 깊어진 한국을 구글로 검색하는 중이다. 아닌 게 아니라 왜 이리 예쁜 여자가 많냐며 놀라는 눈치다. 발목은 괜찮은 건지, 허리는 또 어떤지, 그런 걱정을 싹 잊게 하는 아빠 미소를 짓는다. 김사랑, 박한별, 한가인 등을 보고 있으니 그럴 수밖에. 앙헬은 흡연 욕구를 충족시키러 존과 함께 밖으로 나가고, 안젤로와 조르조, 여자 순례자들은 일찌감치 침대 행이다.

카미노를 통해 자신을, 또 다른 이들을 더 사랑하게 되는 법을 배우고 있는 문 군은 자신의 생각과 다른 것들을 껴안는 법을 알아가고 있다. 좋은 길벗들과의 하루하루가 마냥 신 나기만 하다. 스페인어로 '별'이라는 뜻의 에스테야, 저마다 가슴 속에는 별이 빛나고 있으리라. 아니 어쩌면 한 사람 한 사람이 다 별 그 자체인지 모른다.

별을 찾아 별까지 온 순례자들의 밤 11시. 일기를 쓰는 두어 명의 순례자들로 인해 응접실 불은 꺼질 줄 모른다. 몇몇은 이미 꿈나라 행이다. 마르코스가 없어선지 조용한 게 되레 싱숭생숭하다. 밖에선 담배를 태우는 이들의 깔깔거리는 소리가 들린다. 우리 앙헬 웃음소리가 가장 크다.

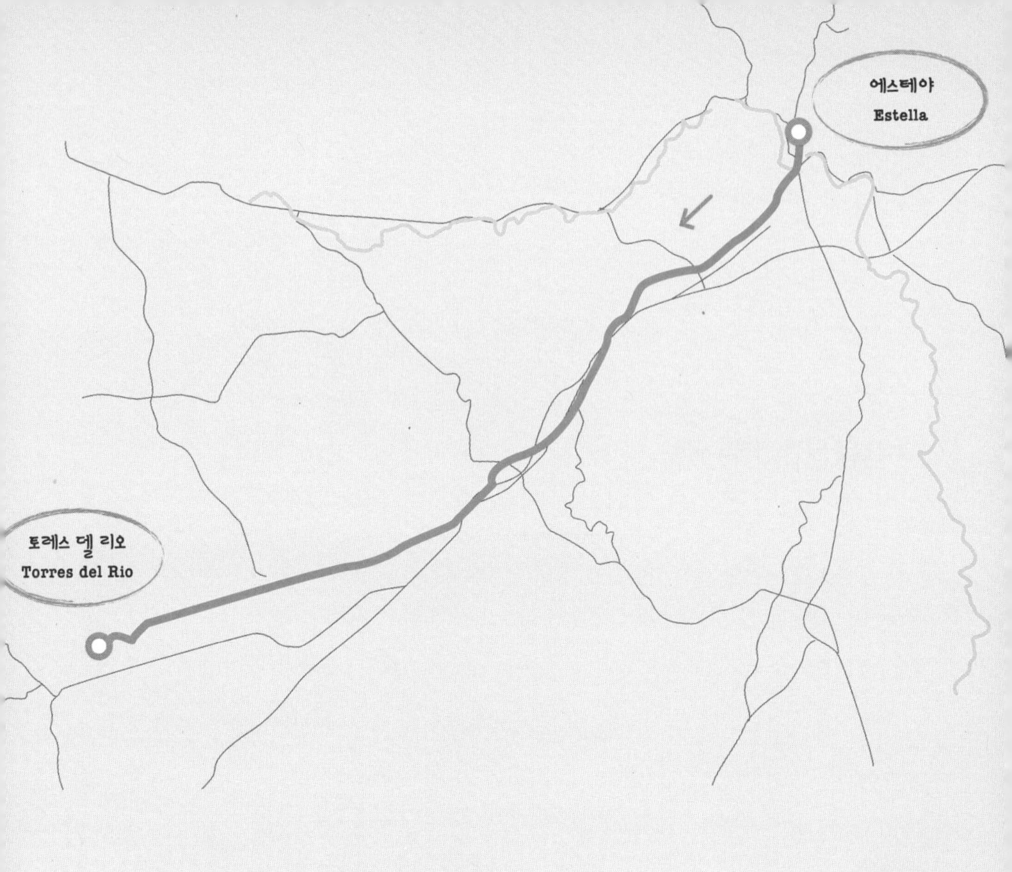

 에스테야 → 토레스 델 리오

스물둘의 패기 넘치는 도전

다시 시작된 하루, 세상의 모든 풍경에 아침 안개가 엉기어 있다. 물기 먹은 오솔길엔 발자국이 선명하게 찍힌다. 외로움 타긴 싫으면서 혼자인 게 편한 무표정한 문 군이 처처한 카미노를 걷는다. 멀찌감치 떨어진 간격을 두고 순례자들 모두 자신만의 묵상 세계를 구현하기 위해 홀로 걷는다. 소리 없이 가려진 불투명한 세상, 자신의 내밀한 생각을 감추기엔 이만한 길이 없다.

멍멍하게 걷다 로마네스크, 르네상스, 바로크 양식이 혼재된 이라체Irache 수도원 근처에 도착한다. 베네딕트 수도사들이 11세기에 지었지만 지금은 박물관으로만 남아있는 곳이다. 건축엔 별 관심 없는 문 군이 이곳에 발길을 멈춘 이유, 오늘 카미노 일정의 하이라이트인 와인 샘Puente del Vino이 있기 때문이다.

순례의 상징인 호리병박이 달린 지팡이와 십자 모양이 아래위로 새겨져 있고, 양쪽에는 각각 와인과 물을 받을 수 있는 조개 모양의 수도꼭지가 있다. 순례자들이 잠시 지친 걸음을 멈춰 목을 축이고, 영혼을 적시는 곳이다. 순례자는 대접하는 자의 마음이 기쁘도록 맛있게 마실 의무가 있다. 와인 샘에 이른 문 군이 호기심에 꼭지를 돌려본다.

'신이시여, 당신의 물방울을 보여 주소서, 혹 괜찮다면 콜라도 콸콸 쏟아내게 하소서, 혼자만 비밀로 하겠나이다. 바꿀 수 없는 걸 바꾸는 기적을 행하여주소서. 얍!'

찔끔하다가 만 물방울. 포도주도, 물도, 물론 콜라도 나오지 않는다. 설마 했던 기대가

와인 샘(Puente del Vino)이 있는 이라체(Irache) 수도원.

깨졌지만 순례자가 많아지면서 불가피한 조치를 취할 수밖에 없는 상황을 이해한다. 호의가 권리가 될 수는 없으니 말이다. 대신 아침에 화장실에서 받은 물로 갈증을 해소한다. 화장실이란 개념만 빼고 보면 시원하기 그지없는 물맛이다.

혼자 무심하게 걷는 시간. 줄기만 앙상하게 남은 포도밭을 지나 힘겹게 구릉을 오르니 어느덧 비야마요르 데 몬하르딘Villamayor de Monjardin에 이른다. 자욱했던 안개가 걷히니 산 위에 에스테반 성Castillo de San Esteban도 보인다. 그러다 불과 1분 만에 다시 안개로 가려진다. 종일 퍼져있는 안개 때문에 좀체 그 위용을 보기 힘들다. 대신에 성에 대해 신비함이 더해진다. 피로로 차마 산까지 오를 수 없는 문 군은 돌에 쪼그려 걸터앉아 시간을 천천히 흘려보낸다.

점심은 달랑 비스킷 하나와 물뿐이니 욕심 없는 간소한 순례자 식단이다. 마지막 비스킷을 오물오물하고 있을 때 타박타박 발걸음 소리가 점점 크게 들려왔다. 안개 사이를 뚫고 나오는 순례자는 다름 아닌 존. 시시콜콜한 대화를 이어가던 문 군은 얘깃거리가 떨어질 무렵 묵묵히 숨을 고르는 그에게 넌지시 제안 하나를 던진다.

“혹시 순례를 다이나믹하게 해보고 싶은 생각 없어요? 인생에 도전 한 번 해보는 것도 나쁘진 않을 것 같아요.”

“무슨 말씀이신지……?”

“아우님 배낭과 내 자전거를 바꿉시다. 순례가 끝나면 군대에 가야 한다면서요? 행군을 미리 연습한다고 여기고……. 어때요?”

“글쎄요, 생각 좀 해볼게요.”

아프리카에서 자유분방한 십 대 시절을 보낸 스물둘 신세대, 고생은 모르고 자랐을 법한 곱상한 외모의 그가 허를 찔린 듯 당황한다. 담배 한 개비 고독히 태우는 눈동자가 흔들린다. 문 군은 존의 동기부여를 위해 신이 내린 혓바닥으로 그의 심장을 거칠게 핥아댔다. 효과는 확실했다. 거절할 줄 알았던 그의 가슴이 쿵쿵 뛰고 있었다.

“고민은 열정의 산물, 발전하고 싶은 욕망의 추진력이죠. 마음껏 고민할 수 있는 자유가 이 길 위에 있어요. 아우님의 어떤 의견이라도 난 존중해 주겠어요. 하지만 자전거를 밀고 순례한다는 건 지금이 아니면 다시는 해 볼 수 없는 특별한 경험이긴 하죠.”

“사실 형이 자전거를 밀고 가는 모습을 보고 한 번쯤 도전해 보고 싶었어요. 좋아요. 까짓 거 해보죠, 뭐.”

문 군의 오른팔이 존의 어깨를 감싸 토닥인다. 다른 어깨는 아무도 몰래 덩실덩실 들썩이고 있다. 야트막한 언덕에도 거친 숨소리를 내뿜는 청년 존, 불과 1분 만에 1년은 늙어버린 몰골이 된다. 배낭이 이렇게 가벼울 줄 몰랐다며 콧노래가 절로 나오는 문 군, 사이사이 신음 소리로 추임새를 넣는 존, 이렇게 서로의 순례를 경험하며 동행하는 ‘우리들의 행복한 카미노’다.

“괜찮으니까 힘들면 그냥 줘요.”

“아니요, 견딜만한데요? 끝까지 갈 겁니다. 한 번 마음 먹었는데, 오늘 승부를 내야겠어요.”

‘사이비 진술이야, 존. 힘들면 힘들다고 정직하게 표현해.’

지미니 크리켓Jiminey Criket의 엄중한 조언을 존의 패기가 사뿐히 제압한 듯하다. 짐의 무거움이 아닌 마음의 무거움을 잘 알고 있는 스물둘 청년에겐 카미노를 통해 다뤄야 할 인생의 비밀스러운 고민들이 있다. 또래보다 조금은 더 무거운, 누구에게나 쉽게 밝힐 수 없는 삶의 편린들이다. 문 군은 그의 진솔한 이야기에 조심스레 반응하며 다만 격려할 뿐이다. 그저 그가 지금 지나는 인생의 길을 먼저 지나갔다는 이유만으로. 사실 대부분의 위로

는 잘 들어주는 것과 몇 번의 끄덕거림이 모든 것이 된다. 그것만으로도 동지애가 형성되고, 사랑이 싹트며, 우정이 만발한다. 그래서 지금, 두 남자가 걷는 길에는 동의의 반응이 만들어 내는 신뢰가 단단히 다져지고 있다.

난폭한 침묵이 거친 외로움을 만들어내는 끝없이 이어지는 들길이다. 다행히 10년 나이차를 뛰어넘어 둘은 편한 순례 동지가 된다. 소소한 농담과 간혹 진심이 엿보이는 잡담 속에 외롭지 않게 오래 걸을 수 있는 말동무가 된다.

들피진 두 순례자 사이로 마른 들바람이 훑고 지나간다. 잦은 언덕을 맞닥뜨린 존의 걸음이 점점 무뎌지기 시작한다. 악으로 깡으로 버티고 있다. 자신이 선택한 일에 대해선 책임을 지겠다는 결연한 의지다.

그러나저러나 둘은 문득 자각한다. 오랜 시간 자신들밖에 없었다는 걸. 언덕 꼭대기에서 사방을 둘러보지만 살아있는 어떤 흔적은 둘 뿐이다. 다른 순례자들은 다 어디에 있는 걸까?

"뭔가 이상하지 않아요? 아침부터 아무도 볼 수가 없어요."

"그러게요. 저도 형 말곤 본 사람이 없네요."

둘은 뭔가가 잘못되어 가고 있음을 의심한다. 불안감이 더해진 피로가 뒷목으로 몰려온다. 잠시, 걸음을 멈춘다.

야고보가 정말로 걸었던 길은?

안개가 사라진 오후 카미노. 멀리서 먼지를 일으키며 자전거 한 대가 달려온다. 둘에겐 오늘 처음 인연이 닿은 순례자다. 당연하게도 그가 두 남자 앞에 선다. 라이더들은 대개 강호의 고수인지, 이제 막 걸음마를 떼는 초보자인지 한눈에 서로를 금방 알아본다. 헬멧을 벗으니 토실토실 오른 볼살과 들바람에 휘날리는 긴 머리가 인상적이다. 문 군의 판단은 '단기 여행자', 비교적 깨끗한 가방이 근거다. 아직 그을리지 않은 상태 좋은 피부와 혈기 왕성에 덧칠해진 과잉의욕도 예상을 뒷받침한다.

예상이 맞아떨어졌다. 스페인 북부 출신의 임마누엘Immanuel은 누구라도 즐겁게 해 줄 익살스러운 성격을 지니고 있다.

"아니 글쎄, 지난주 수요일 아침에 일어났는데 갑자기 기분이 영 좋지 않더라고. 그래서 느닷없이 산티아고 길에 올랐지 뭐야."

"그럼 산티아고까지 갈 예정이에요? 아니면 다른 계획이라도?"

"글쎄, 별 계획 없이 자전거 여행을 시작한 지 이제 5일째야. 일단 거기까지 가긴 할 텐데 그다음은 모르겠네. 일주일이 될지 한 달이 될지, 산티아고에서 끝날지, 아예 유럽을 일주할지. 가봐야 알겠지. 그냥 생각 없이 막 나왔다니깐."

대답하던 그가 존이 밀고 있는 문 군의 자전거를 유심히 살피며 혹 문제가 있는지 체크한다. 마침 브레이크가 말을 듣지 않았다. '귀차니즘'이 발동한 문 군이 매번 나중으로 미루다 일어난 불량 상태다. 임마누엘은 달랐다. 그는 즉시 가방에서 수리 공구를 꺼내더니

catlike

뚝딱 정비를 마쳤다. 'LTE급' 스피드다. 문제를 보고, 판단하고, 해결하는 눈빛에서 성실함이 엿보인다.

"때때로 문제가 생기지? 그 문제를 바로 자네가 해결해야 하고, 또 해결해 낼 수 있지. 바로 지금 말이야. 미루지 말게. 자전거 정비든, 자네 길이든."

임마누엘은 긴 머리를 휘날린 채 바람처럼 왔다가 바람처럼 사라졌다. 그리 길지 않은 교제를 나눴지만 분명 여운을 남기고 떠났다. 성가실 만한 남의 자전거 상태를 봐주고 따뜻한 웃음으로 헤어진 멋진 남자다. 문 군은 그가 불현듯 여행을 떠난 수요일에 무슨 연유로 기분이 좋지 않았을까 물어본다는 것이 멀어져 가는 그의 뒷모습을 보고서야 떠올랐다. 그가 떠나니 카미노는 다시 적막에 휩싸인다. 또다시 둘만 덩그러니 남는다.

"형, 일행 중 누가 사고가 난 걸까요? 아니면 아픈 건가?"

"그랬다면 다른 순례자들이 와서 말해 줬을 텐데요. 너무 힘들어서 전 마을에서 그냥 자려는 건 아니겠죠?"

"설마요. 이제 20km밖에 오지 않았는데요. 아직 10km 넘게 남았어요. 혹 그냥 천천히 오는 건가?"

"그러기엔 다른 서양 순례자들이 아무도 보이질 않아요. 분명 우리가 맞는 길로 왔는데."

노란색 화살표와 조개 모양의 안내판이 둘에게 친절히 방향을 안내해 주고 있으니 작금의 상황에 의심이 파고들 틈이 없다. 동생에 대한 걱정 때문인지 답답한 존은 담배 한 개비 꺼내 뒤돌아서서 입에 문다. 순례 며칠 동안 사소한 오해와 스트레스로 티격태격하

기도 했다. 그래도 핏줄보다 소중한 건 없다. 진은 아직 열아홉 말괄량이일 뿐이다. 무심한 듯하면서도 항상 존을 먼저 챙기는 진이다. 존은 말이 없다. 차라리 싸워도 좋으니 맘 편히 눈앞에 있었으면 할 것이다. 담배 연기를 피해 한 발짝 물러난 문 군이 질문 같은 혼잣말을 내뱉는다.

"우선 여기에 짐을 모두 내려놓는 거야. 다음엔 자전거만 타고 뒤에 순례자들에게 가서 상황을 좀 보고 올까? 아니면 그들이 올 때까지 아예 기다리던지?"

하지만 뾰족한 묘수가 떠오르지 않는다. 간에 기별도 가지 않는 점심 식사 후 맞닥뜨린 오르막으로 인해 둘 다 지쳐있는 상태다. 뒤돌아 갈까, 기다릴까 하고 둘은 고민만 거듭한다. 존은 진을 따뜻하게 챙기지 못한 게 내심 미안한 눈치다. 땅바닥만 바라보는 그의 눈엔 동생에 대한 걱정이 무겁게 서려 있다. 평소 같으면 알베르게에 넉넉히 도착할 오후 5시가 넘어가고 있다.

“일단 날이 저물고 있으니 먼저 알베르게에 가서 짐부터 풀어놓고 그 다음 동구 밖에서 기다리기로 해요.”

달리 어쩔 수 없었다. 고개를 끄덕인 존이 다시 자전거를 민다. 잠시 표정이 일그러지더니 어깨와 손목에 통증을 호소한다. 문 군도 어깨가 결리기 시작했다. 카미노는 점점 말간 노란빛으로 물들어가고, 두 남자의 축 처진 그리메만 조심스레 발끝에 붙어 따라온다. 쫄쫄 굶은 배를 다독다독하며 케이크로 유명한 로스 아르코스Los Arcos를 그냥 지나치려니 문 군은 알 수 없이 서운해진다. 산솔Sansol에 이르렀을 때 존은 그로기 상태가 되었다. 둘은 오늘 저녁 무엇을 먹을까 하는 상상으로 위안을 삼는다. 가슴에만 묻어두어야 할 매콤한 해물탕, 각종 찜, 보쌈 얘기가 본능적으로 입에서 새어 나오자 몸을 배배 꼬는 두 순례자는 그만 절망적인 탄식을 쏟아낸다.

어둠이 깊어가고 용기가 다했을 때 드디어 오늘의 목적지인 토레스 델 리오Torres del Rio에 들어섰다. 높은 지대라 다시 끙끙 앓는 소리를 내며 자전거를 밀어 도착한 카사 마

리Casa Mari 알베르게에서 두 남자는 기겁한다.

"왜 이제 오셨어요? 둘이 무슨 사고라도 난 줄 알고 걱정했잖아요!"

맙소사. 눈이 동그래진 문 군과 존은 그만 헛웃음이 나온다. 오래되고 조용한 동네에 생기 가득한 두 청년이 초롱초롱한 눈으로 둘을 반겼다. 용규와 진이다. 존은 진을 보자 영문을 모르겠다는 듯 빤히 쳐다본다. 문 군이 용규에게 어서 답을 내놓으라는 듯 묻는다.

"아니, 언제 왔어요? 어떻게 왔어요?"

"어떻게 오긴요? 그냥 노란 화살표 따라왔는데요? 우린 아까 왔어요. 근데 아무리 기다려도 둘이 오지 않아 걱정했어요. 일단 얼른 들어오세요."

대체 어찌 된 영문인가? 사실은 그랬다. 와인 샘이 있는 이라체 수도원에서 길이 두 갈래로 나뉘어 있었다. 문 군과 존은 두 개의 노란 화살표시 중 오른쪽 루트인 비야마요르데 몬하르딘 방향을 보고 따라왔고, 나머지 순례자들은 왼쪽 루트인 루킨Luquin 방향의 화살표시를 따라온 것이다. 그러니 아예 마주칠 기회가 없었던 것이다. 그것도 모르고 둘은 순례자들을 걱정하며 그 들판 모퉁이 돌에 하염없이 앉아있었다.

황당했지만 실수로 빚어진 일이다. 더욱이 모두 건강한 얼굴로 있어주니 고마운 마음이다. 서로가 서로를 더 많이 걱정했다는 티를 팍팍 내고서야 소동이 마무리된다. 문 군은 언제나처럼 안젤로, 조르조 할아버지와 재회의 감격을 나누며 포옹하고, 앙헬과 다비드, 로베르토와 반가운 안부 인사를 건넨다. 아침에 헤어지고 저녁에 보는 얼굴들이 이렇게 반가울 수 없는 카미노다.

즐거운 저녁 시간, 참치와 양파 등을 버무려 만든 속을 바게트에 넣어 콜라 한 잔과 함께 입속에서 행복이 알알이 터지는 식사를 만끽한다. 진은 무심한 듯 오빠 옆에서 이것저것 먹을 걸 챙겨준다. 과묵한 존은 꼿꼿이 자존심을 지키면서도 아이처럼 조용히 받아먹는다. 사실 순례 처음엔 둘 사이가 삐걱거리기도 했다. 서로가 자신의 인생에 얼마나 큰 위안이자 버팀목인지 알면서도 마음 같지 않게 표현이 서툴렀던 것이다. 지금은 둘의 행동이 점점 곰살궂어가고 있다. 그리고 다들 알고 있다. 남매간에 말줄임표가 많은 대화와 표현에도 누구보다 진한 우애가 담겨있다는 걸.

밖에는 때아닌 눈이 내린다. 날씨가 추워 싸락눈으로 시작되었다가 솜처럼 보드라운 함박눈이 된다. 마당으로 나간 문 군 옆에 어느 순간 조르조가 다가와 같이 하늘을 보며 생긋 웃는다. 안젤로는 너털웃음을 짓다가 춥다며 장난스레 손사래를 치곤 안에서 바라본다. 귀여운 안젤로 할아버지! 홍조 덕에 영락없는 아이 표정이다. 뒤이어 다비드도 나온다. 무슨 생각인지 잠시 동안 말이 없다. 눈은 세상을 하얗게 덮고 있는데 문 군의 눈은 외로움 하나 덮지 못해 촉촉해지는 중이다. 겨울 카미노의 달콤하면서도 쌉싸름한 선물이 내리고 있다.

그나저나 오전 갈림목에 있던 두 카미노, 야고보가 걸었던 길은 분명 하나였을 텐데, 대체 어느 것이 진짜일까? 문 군은, 그것이 알고 싶다.

"때때로 문제가 생기지?

그 문제를 바로 자네가 해결해야 하고,

또 해결해 낼 수 있지.

바로 지금 말이야.

미루지 말게.

자전거 정비든,

자네 길이든."

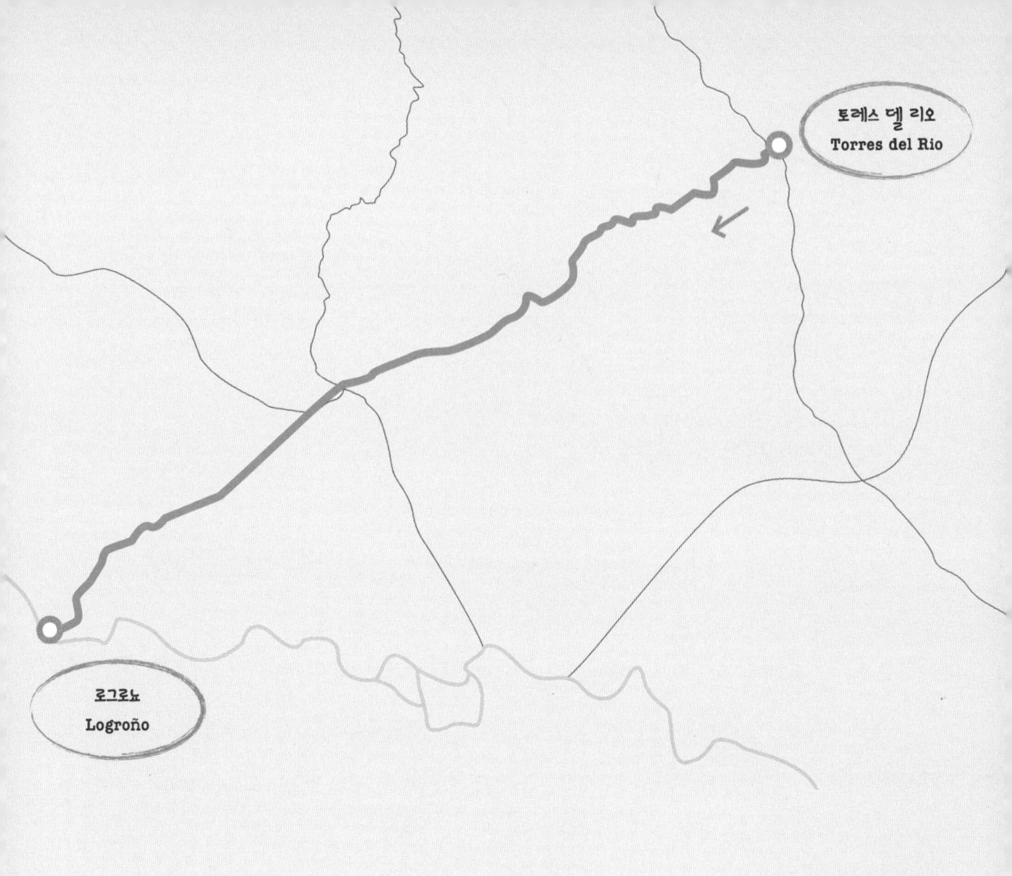

 토레스 델 리오 → 로그로뇨

누군가 내 인생을 밀어주고 있다

동트기 전, 차갑고 청아한 겨울 색감이 가져다주는 느낌이 기묘하다. 요란했던 지난밤의 들썩임은 간데없고 새로운 하루는 소리 없이 세상을 덮어버린 눈의 절경을 선물한다. 땀으로 땅을 내딛는 순례자들이 아침의 고요 속에 눈길을 걷는다. 겨울 파카에 모자와 장갑, 목도리 등으로 단단히 중무장한 덕에 호흡이 점점 더워진다. 문 군은 출발부터 멀찌감치 앞서 나간다. 급한 경사 때문에 순례자들에게 짐이 되기 싫은 까닭이다.

오늘 순례의 가장 높은 지대인 포요Poyo 언덕 가는 길에서 진눈깨비가 깨알같이 뺨을 때린다. 잠시 사방을 둘러보자니 저 아래 아득히 보이는 골짜기와 다시 맥없이 올라가야 할 첩첩 산길, 게다가 눈으로 질퍽해져 버린 진흙투성이 길에 문 군은 그만 혼곤해진다. 온전한 패기로 맞서도 시원찮은데 순간 망연자실했는지 밴을 타고 좀 더 편하게 이동하고자 하는 욕구와 밀실거래라도 하고 싶은 마음이 간절해진다.

세상의 진부한 기준에 따르지 않고 가치 있는 꿈, 의미 있는 인생을 위해 제 갈 길 가겠다며 나온 길, 문 군은 스스로에게서 점점 남들보다 더 세상을 닮아가는 씁쓸한 타협의 지존을 본다. 당장의 잇속에만 골몰하는 기회주의의 텁텁한 영혼은 눈앞에 닥친 막막함에 울상이다. 애물단지가 된 자전거 '양념 반, 프라이드 반'을 그냥 골짜기에 던져버리고만 싶다.

대학 새내기 시절이다. 생긴 건 공대, 출신은 인문대인 문 군에겐 순박한 곱슬머리 감성 시인 욱이라는 친구가 있었다. 녀석은 단아함이 매력적이던 같은 학과 여학생을 흠모했지만 날카로운 시상을 일필휘지로 갈겨쓰는 비상한 시적 감수성과는 달리 여린 성격 탓에 학기 내내 멀리서 바라만 봐야 했다. 그렇게 애만 태우다 학과 동기들이 자리를 마련해 준 종강파티에서 그는 취기 오른 것을 핑계로 친구들의 응원을 등에 업고 간신히 용기를 낸 끝에 고백하기에 이른다(고백 방법은 읽는 이에게 참을 수 없는 탄식과 연민을 자아내게 하므로 차마 이야기 할 수 없다. 다만 순수하기 그지없는 8명의 솔로 남학우들이 한데 모은 지혜가 그들보다 성숙한 또래 여학우들에게는 도저히 용납될 수 없는 길이 회자될 고백 방법이었다는 것만 알린다).

그녀의 대답은 안타깝게도 미안한 거절이었다. 그가 마음을 다하면 다할수록 오히려 그녀 마음에서 밀려났다. 속상했던 욱이는 마시지도 못하는 소주를 계속 입에 털어 넣었다. 그날 밤 욱이는 하염없이 펑펑 울기만 했다. 울다가 지쳐 문 군 자취방에서 쓰러져 자다가 음식물과 함께 청춘의 쓰라림까지 게워냈다. 스무 살의 아픔이었다. 그는 어찌할 수 없는 상황에 침통해 하며 곱슬머리를 밀었다. 그러고는 동기 중 가장 먼저 국방의 의무를 다하기 위해 바람처럼 사라졌다. 욱이의 어찌할 수 없는 상황……, 겪어보면 참 암담하기 그지없다.

불현듯 녀석이 생각나는 길이다. 문 군 역시 지금 자꾸 밀려간다. 언 길 위로 신발과 바퀴가 마찰력을 갖지 못한다. 한 걸음 내딛으면 두 걸음 밀려간다. 욱이의 그때 상황처럼 문 군도 의지만으론 어찌할 수 없는 상황이다. 지금은 누군가 올 때까지 버티는 게 최선이다. 정상의 80%까지 왔는데 여기서 주르륵 밀린다면 대책 없이 애석할 것이다. 무릎을 굽히고, 앞바퀴를 90˚로 꺾어 그대로 멈춰 섰다. 버티는 시간이 길어질수록 팔과 어깨가 경직되고, 발목이 시큰거려 왔다. 그는 살다가 이렇게 밀리기 싫어 치열하게 버텨본 적이 몇 번이나 있는지 생각해 본다.

사실 그는 밀려나기로는 둘째가라면 서럽다. 타고난 것으로도 밀려보고, 노력으로도 밀려봤다. 그렇기 때문에 항상 열등감에 사로잡혀 자기 기만으로 영혼을 고문하기도 했다. 열등감은 자기 자신에 대한 심각한 의심이라고 정의해 놓고도 높은 담을 마주하면 사다리 놓을 생각보다 고개만 푹 숙인 채 힘없이 뒤돌아서는 것을 운명으로 여겼다.

그때 목말을 태워 담 너머 세상을 보여주던 이가 있었다. 엉덩이를 밀어 올려 기어코 담

을 넘게 해 준 순간이 있었다. 문 군과 똑같은 길을 먼저 가서 치열하게 고민하고, 갈등하고, 부딪혔던 인생 선배였다. 그의 따뜻한 격려가 용기를 낳았고, 그 용기는 열등감을 덮어버리는 희망을 주었다. 난제를 타파할 때까지 버티는 끈기를 선물했다.

십수 분이 흘렀을까. 탕아적 매력이 물씬 풍기는 든든한 카미노 동지 앙헬과 다비드가 차례로 언덕에 올라왔다. 그들은 이러지도 저러지도 못하는 애처롭게 우스꽝스러운 문 군의 상황을 보았다. 물어보지도, 지체하지도 않는다. 바로 자전거를 밀기 시작한다. 좁고 경사진 데다 미끄러운 난코스지만 하나로 힘을 모으니 수월하게 위기를 벗어난다. 여럿이서 감정이 충돌하면 문제가 문제화되어 더 큰 문제로 확대되지만, 감정이 통일되면 고민할 문제 자체가 소멸해 버리고 그 자리엔 해답만 남게 된다.

뒤이어 도착한 안젤로와 조르조가 손을 흔들며 사기를 복돋워 준다. 팍팍한 승자 독식 사회에 내몰려 거세된 자비로 살아가는 현대인에게서 보기 힘든 카미노의 진정한 동지의

식이다. 카미노를 걷는 내내 배려가 굴비 엮이듯 따라온다. 순례자들은 언제든 누구에게나 닥치는 난제를 해결하는 현명한 답을 알고 있다. 문 군은 그들을 통해 실망감에 머물러 있지 않고, 큰 희망 앞으로 나오는 지혜를 배운다.

여행뿐 아니라 인생도 그래 왔다. 지친 날들에도 누군가 끊임없이 자신의 인생을 밀어주고 있다. 서로 밀어주고, 잡아주지 않으면 살랑거리는 바람에도 허무하게 밀려나갈 쭉정이 같은 인생이다. 하루하루 배려와 위로의 양분으로 단단히 여물어 가는 생의 알곡이 관계를 살찌우고 삶을 풍성하게 한다. 지금까지의 순례가 그래 왔듯 산다는 것 역시 언제나 그랬고 앞으로도 그럴 것이다.

비아나Viana 근처에 있는 조그만 언덕을 넘어 목적지 로그로뇨Logroño에 도착했다. 종일 눈과 비에 젖어 질척거리는 걸음에 지친 문 군은 이제 그들 없이 카미노를 종주한다는 것은 생각할 수도 없는 일이 되어버렸다. 힘들어서가 아니다. 그들이 아니면 외로움 털어내고 우애로 마음을 채워줄 동료가 없기 때문이다.

날씨가 궂은 관계로 중간중간 차분히 살펴보고 싶었던 주변 유적지를 보지 못했다. 그러나 문 군은 공감각적으로 만난다. 마주치는 시선에서 피어나는 웃음꽃을 본다. 이곳 와인보다 진하게 진동하는 사람의 향기를 맡는다. '나는 지금 나 자신과 걷는다. 그리고 또한 너와도 함께 걷고 있다'는 감정적 교류를 나누며 소박한 기쁨을 느낀다. 하나하나 순례자로부터 발견하는 것들이다.

당신은 무엇을 따라가고 있는가?

카미노의 수많은 순례자가 얘기하는 이 길에서의 배려와 위로가 고리타분하게 여겨질 수도 있다. 그럼에도 불구하고 카미노 클리셰는 죽지 않는다. 카미노의 정체성이 바로 거친 세파로 너덜해진 영혼에 안식을 허하는 배려와 위로이기 때문이다. 이것은 언제나 새롭고, 또 새롭고, 완전 새롭다. 겨울 카미노를 직접 걷고 있어 참 매력을 아는 문 군은 감당할 수 없는 감격에 목울대를 세우고 싶다. 그래서 먼저 예배당을 찾는다. 신을 찾는다.

늦은 밤, 미사가 시작되고 몇몇 순례자들은 조용히 마음을 드려 신께 기도한다. 범사에 감사하는 이도 있을 터이고, 회한의 눈물을 쏟는 이도 있을 것이며, 마음속 바라는 것을 구하는 이도 있을 것이다. 제각각 신을 만나고자 하는 이유는 다를 것이다. 하지만 모두 일리 있는 비밀을 나누는 간절함이리라. 순례하는 가난한 영혼이기에 누구도 그 처지에 대해 의문을 가져서는 안 된다. 무엇보다 신이 이들을 진정 아낌없이 사랑하기 때문이다.

비가 그치고 날씨가 싸늘해진다. 어느 곳보다 걱정 없이 쓸 만큼의 온수가 쏟아지는 알베르게의 샤워 시설이 문 군은 맘에 든다. 묵은 때를 벗겨 낸 그는 순례자들과 함께 냉동피자를 앞에 두고 수다를 떠는 느긋한 저녁 만찬이 감사하다. 지금 이 순간 행복함으로 서로의 길을 밀어주고 있는 길벗끼리 격하게 잔을 부딪친다. 그들의 잔 속엔 럼주 대신 주스가 넘실넘실 찰랑거린다.

 로그로뇨 → 나헤라

외로움이 외로움을 위로하는 카미노

"스페인 경기가 최악이야. 도시는 가뜩이나 일자리도 줄어드는 마당에 동유럽이나 아프리카에서 싼 인력들이 들어와 자리 경쟁도 치열하고, 임금도 낮아졌어. 시골도 마찬가지야. 단순 노동 말곤 할 게 별로 없고, 그마저도 오래 할 일은 못 돼. 카미노 순례에 스페인 청년들이 흔하게 보이는 게 우연만은 아냐. 할 일이 마땅찮으니 생각이라도 정리해 보려는 거지."

스페인 순례자들이 카미노 데 산티아고에 참여하는 목적은 대개 영적인 것과는 거리가 있다. 앙헬과 다비드 둘의 공통된 꿈은 좋은 직장을 구하는 것이다. 둘 다 자의 반 타의 반으로 하던 일을 그만두고 공백기가 생기자 카미노 길을 나섰다. 하지만 불안한 미래를 언제까지 움켜줘야 할지 답답하다. 치열하게 이십 대를 살아갈 기회가 마땅찮은 둘에겐 느낌표로 가기 위한 쉼표가 필요하다.

비자발적 실업자 신세가 답답하기만 한 다비드는 며칠 만에 다시 문 군과 함께 걷는다. 새로울 것 없는 무료함에 지난번 나눈 대화가 반복 심화된다. 둘만이 있는 공간에서 마음을 터놓기는 한결 쉬워진다. 실없는 질문도 때론 진지한 철학이 된다.

짧은 질문과 답을 주고받으면 둘은 한참 동안 침묵을 유지한다. 지친 외로움을 즐길 줄 아는 문 군이야 망상에 젖어 그런다 치고, 평소 밝은 표정에 활달하던 다비드는 의외다. 문 군이 그의 얼굴을 슬쩍 쳐다보며 묻는다.

"무슨 생각하는 거야?"

"그냥 뭐, 내가 왜 이 순례를 하게 되었는지."

"이 순례가 끝나면 일자리 구할 거라며? 다른 연유가 또 있어?"

가볍게 던진 문 군 질문에 다비드는 땅만 쳐다본다. 몇 걸음 끌고 간 후에야 한 박자 늦춰 가볍지 않은 입을 연다.

"하나 더 있어. 실은 가족과의 관계가 최악이야. 왜 그렇게 되었는지 일일이 따지긴 싫어. 다만 나는 화해를 원해. 부모님과 크게 다툰 후 연락을 끊다시피 했어. 그 후로 날 이해해주는 여자 친구를 만나 깊게 의지했지만 요즘엔 그마저도 관계가 뒤틀려 버렸어. 잘 모르겠어, 어디서부터 잘못된 건지. 난 말이야, 가족과 등 돌리던 순간부터 내 인생을 잃어버렸다고 생각해. 내겐 많은 친구들이 있거든? 근데 걔네들과는 깊은 관계를 갖지 못해. 아무도 내 상황을 이해하려 들지 않으니까. 그래서 답답해. 왜 여행을 시작했는지, 가족과는 어떻게 해야 하는지……. 휴, 가족과 함께 있고 싶은데 그럴 수 없는 게 고민이야."

"그들이 널 이해해주지 않는다고? 친군데?"

"문, 스페인 친구들은 파티를 좋아해. 하지만 그건 관계를 깊게 만들 수 없어. 그냥 먹고 마시면서 젊음을 즐길 뿐이야. 그냥 말뿐인 친구지. 좋은 직장을 얻고, 여자 친구와 결혼도 하고, 좋은 가정을 만드는 것이 내 꿈이야. 지금 내가 겪은 일을 나중에 가정을 만들고 나서 반복하고 싶진 않아. 그래서 길을 걸을 땐 미래만 생각해. 과거를 떠올리면 고통스럽기만 하거든. 친구들과는 민감한 내 얘기를 나눌 수 없으니 여기에서 스스로 충분히 고민해보려고 해."

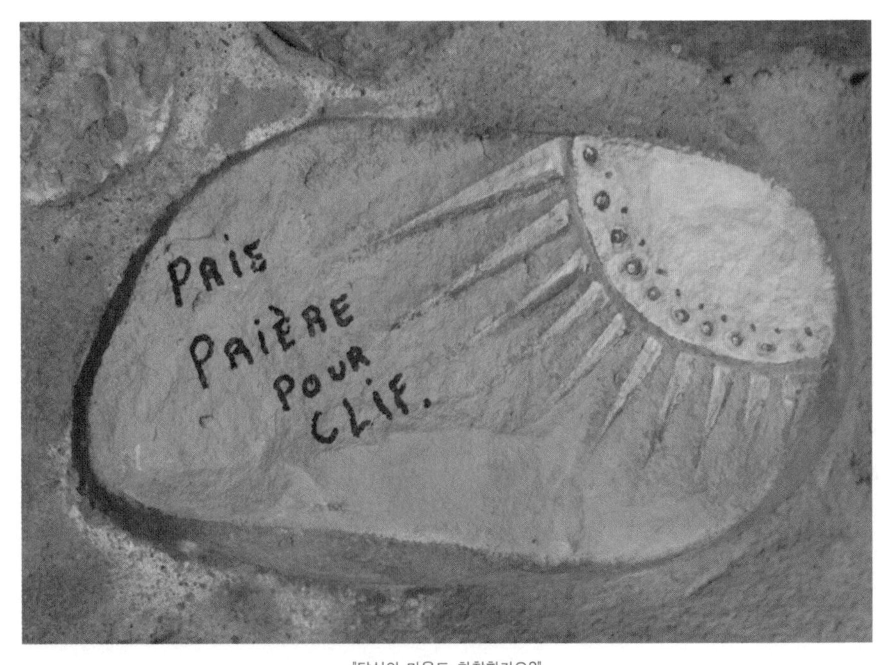

"당신의 마음도 화창한가요?"

롤단의 언덕(Poyo de Roldan) 가는 길 순례자 대피소 안 돌벽에 누군가가 그린 그림.

그라헤라 봉Alto de la Grajera을 거쳐 가는 좁은 길을 따라 설치된 철조망에는 순례자들이 염원을 담아 경건함으로 걸어놓은 수백 개의 십자가들이 보인다. 근처 제재소로부터 날리는 먼지를 흠뻑 들이마시며 가기가 고역스러워도 무심한 듯 순례는 지속된다. 호흡을 고르려 잠시 멈춰 선 문 군이 그를 본다. 마음을 나누지 못해 오랫동안 외로운 나날들이었을 다비드다. 그의 축 처진 뒷모습에서 왠지 모를 공감을 느낀다. 발목이 좋지 않은 다비드가 뒤처지기 시작한다. 문 군은 그에게 혼자만의 시간을 주기 위해 눈치껏 양해를 구하며 앞서 나간다. 아침을 부실하게 챙겨 허기가 진 상황이기도 하다.

나바레테Navarrete에 다다라 성모 승천 교회Iglesia de la Asunción 분수대 계단에 앉아 오래간만에 쨍쨍한 햇살을 만끽하며 순례자들을 기다린다. 문 군에겐 딱딱하고 질긴 바게트를 턱이 빠지도록 씹어 먹으며 하품하며 기지개를 켜는 것이 짧은 쉼의 즐거움이다. 안젤로와 조르조가 지나가면서 반가운 '부엔 카미노' 격려 인사를 나눈다. 식곤증 때문인지 이내 졸음이 쏟아진다. 크게 하품 한 번 하고는 자신도 모르게 얼굴을 무르팍에 파묻고 쿨쿨 자기 시작한다. 장난기 어린 앙헬이 깜짝 놀라게 하려고 얼굴을 갖다 대는 줄도 모르고.

사람은 좋은데 공부를 하지 않아 걱정되는 앙헬의 해맑은 웃음에 깨어 다시 걷기 시작한다. 그와 시시콜콜한 얘기를 주고받으며 걷다 맞은편에서 오는 또 한 명의 순례자를 만난다. 스페인 이름으론 흔한 올해 쉰의 또 다른 앙헬이다. 산티아고에서부터 반대로 애완견과 함께 걷는 중이었다. 그 역시 도보 여행을 하면서 일자리를 찾고 있었다. 어찌나 자유로운 삶을 추구하는지 모든 걸 운명에 맡긴 채 돈 한 푼 들고 다니지 않는단다. 그게 즐겁단다.

"당신은 어째서 개를 데리고 순례를 다니시나요?"

"개만큼 묵묵히 자신의 길을 가는 게 또 있답니까?"

"실례지만 가족은 어떡하고요? 걱정하지 않으세요?"

"가족이야 있지요. 아내고 있고, 자식도 있지요. 근데 개는 나에게 변함없는 애정을 줘요. 요 녀석은 내게 잔소리하는 법이 없지요. 그리고 항상 내 곁에 있어주거든요."

엇갈리는 루트 속에 만남이라 대화가 오래가지 못한다. 허름한 차림에서 어떤 사연이 있는지, 혹 내면에 지우지 못한 상처가 있는 건 아닌지 문 군은 짐작만 할 뿐이다. 그의 순례를 격려한 문 군은 곧 안젤로, 조르조 콤비와 보폭을 맞춘다. 오늘따라 발목 상태가 좋지 않은 순례자들이 많다. 다비드에 이어 앙헬 역시 시큰거리는 발목으로 뒤처져 존과 용규에게 붙어 외롭잖게 마음을 기댄다.

벤토사Ventosa를 지나치며 문 군과 두 이탈리아 할아버지 순례자는 수백 마리의 양 떼를 목격한다. 별을 헤는 목동이 치는 순둥이 양 떼들, 그 속을 헤집으며 질서를 잡는 다섯 마리의 잘 훈련된 개들, 그리고 어디에도 구속받지 않고 그저 무심하게 무리 속에 발을 담근

목동 아드리안(Adrian).

당나귀 한 마리의 미묘한 부조화 속의 조화. 목동 아드리안Adrian의 순박한 표정에 매료돼 길에 서서 나눈 오랜 인사가 시간을 또 지체시킨다. 카미노에서 마주하게 되는 일상은 항상 평화롭고 느긋하다.

맑았던 날씨가 흐려지고 셋은 걸음을 서두른다. '다윗과 골리앗' 스페인 버전 전설이 내려오는 롤단의 언덕Poyo de Roldán을 지나칠 때쯤 오래전 순례자 구호시설로 추측되는 돌을 쌓아 올린 건물을 보고는 호기심에 들어가 본다. 안에는 순례자들이 조리하고 먹다 남은 음식들이 널브러져 있고, 불을 피운 흔적도 남아있는 걸로 보아 최근까지도 용도에 맞게 사용된 듯하다. 무엇보다 돌마다 내공 깊은 해학 넘치는 그림이 그려져 있다. 마치 고대 인디언들이 제를 드리던 분위기와 흡사해서 재미가 더하다.

바람이 거세지니 급하게 순례를 재개한다. 오전 9시 반에 로그로뇨에서 출발해 암벽이 병풍처럼 둘러싸고 있는 매력적인 마을 나헤라Najera에 오후 4시 반쯤 도착했다. 중심가인 마요르 골목에 들어서자 두 할아버지는 에스프레소 한 잔으로 자축하고, 문 군은 오랜만에 카페 콘 레체의 부드러운 맛을 음미한다.

기부로 운영되는 알베르게에 와이파이가 잡힌다는 건 IT 세대 순례자들에겐 더할 나위

없는 축복이다. 샤워와 간단한 빨래를 얼른 끝내고 이메일을 확인하는 문 군의 눈이 초롱초롱하다. 지인들의 안부를 확인하며 깔깔 웃다가 그들이 보낸 위로 메시지에 먹먹한 기운이 감도는 웃음을 뱉는다.

첫날부터 함께한 순례자들이 변함없이 반가운 얼굴로 인사하며 속속 도착한다. 오늘 저녁 메뉴는 다비드가 공들인 프라이드치킨과 샐러드. 자아 갈등을 요리로 승화시킨 솜씨가 예사롭지 않다. 같이 걸으면서 동시에 혼자 걸어온 길, 외로움으로 충만한 순례자들이 서로에게 기대는 시간은 변함없이 화목하다. 그리고 오늘 저녁 식탁엔 모처럼 새 얼굴이 합류했다.

파블로Pablo, 선한 인상을 가진 중년의 그는 며칠간의 휴가를 받아 짧게 순례할 예정이란다. 첫날부터 지금까지 감히 반목과 배척이 끼어들 틈 없는 완벽한 평화로움으로 단결된 순례자들 모두가 당연히 따뜻하게 환영한다. 또 한 명의 좋은 순례자 친구 탄생 예감이다. 사소한 이야기도 큰 반향을 일으키는 저녁 식탁 모임, 커피 한 잔을 앞에 두고 모여 있는 순례자들이 앙헬의 자학 개그에 크게 웃으며 뒤로 넘어간다. 얘기가 무르익고 밤 10시가 넘어간다. 카미노의 치명적인 매력에 다들 속절없이 마음이 넘어간다. 굿나잇 커피도 목으로 넘어간다. 오늘로 도보 순례 200km가 넘어간다.

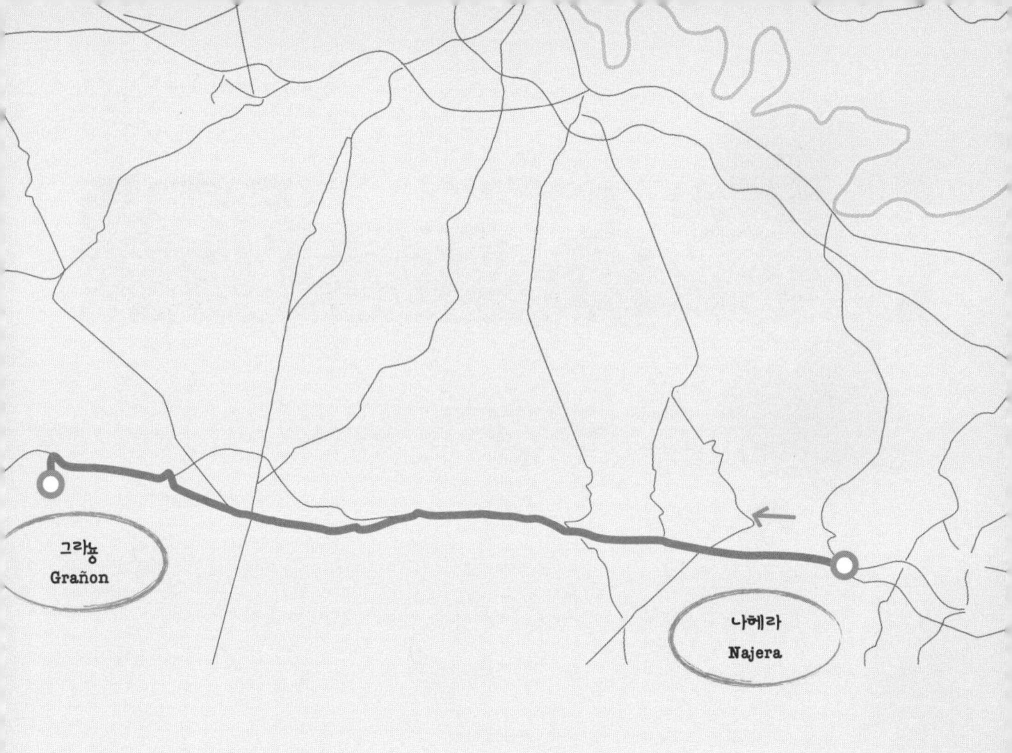

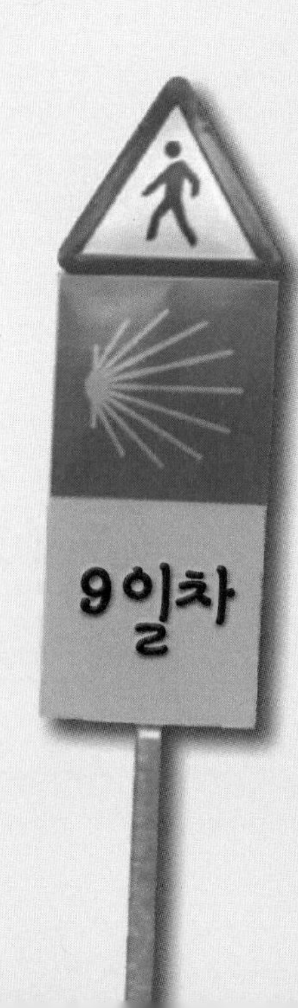

 나헤라 → 그라뇽

젊음아, 조금만 더 배려하길……

"맙소사, 큰일 났다!"

존이 아연실색한다. 별안간 걸음을 멈춘 그는 한 눈에도 몹시 당혹스런 표정이다.

"무슨 일 있어요?"

"어쩌죠? 알베르게에 지갑을 놓고 왔어요, 젠장!"

지나치게 안전 제일주의를 지향하려 했던 게 화근이다. 아침에 찾을 요량으로 자는 동안 지갑을 베개 밑에 고이 모셔 두고 왔단다. 아소프라Azofra가 목전이니 걸어온 길이 벌써 5km, 왕복으론 10km, 족히 두 시간 걸릴 거리다.

"배낭 나한테 주고 얼른 갔다 와요."

"무거울 텐데 괜찮으시겠어요?"

"버틸 수 있을 거예요. 둘이 왔으니 망정이지 혼자였음 어쩔 뻔했나요?"

"알겠어요. 금방 뛰어갔다 올게요."

평소 진중한 성격의 존이지만 실수도 곧잘 저지른다. 벌써 몇 번째 알베르게에 물건을 두고 왔다. 지난번 분실물은 순례에 큰 타격을 주지 않는 간단한 물품들이었지만 이번엔 차원이 다르다. 일단 지갑부터 찾는 게 급선무다. 오전 청소를 시작하면 알베르게는 대개 문을 닫는다. 최악의 경우 관리자가 문을 잠그고 자리를 비우면 다시 문을 여는 오후까지 기다려야 한다. 존은 두말하지 않고 왔던 길을 뛰어갔다. 문 군은 그의 실수 덕에 짐 복 터졌다. 총량 55kg 자전거를 밀고 거기에 배낭까지 메게 생겼다.

간밤에 추적추적 비가 내렸다. 몇 개의 나지막한 구릉이 나오고 그 사이로 황톳길이 길게 나 있다. 카미노는 이미 질어서 신발에 풀을 칠해놓은 기분이다. 전진을 방해하는 맞바람은 신경을 더욱 거슬리게 한다. 뒤따라오던 앙헬과 파블로가 도와주지만 점점 더 엉겨붙는 진흙이 감당되지 않는다. 하는 수 없이 한 손에 막대기를 들고 진흙을 털어가며 간다. 어깨가 점점 뻐근해진다. 존이 떠난 지 삼십 여분 째다. 다시 성깃성깃 비가 내리기 시작한다.

중간에 돌에 걸터앉아 쉬고 있는 순례자 커플이 보인다. 캐나다 몬트리올에서 온 페트리스와 호주 브리즈번에서 온 샤론이다. 둘은 두 번째 순례 중이며 휴가가 짧은 탓에 일주일만 시간을 내어 걷는 중이다. 친근한 표정이 매력적인 샤론과 스페인어를 꽤 잘하는 페트리스의 조합은 문 군에겐 호기심 대상이다. 캐나다와 호주의 물리적 거리를 이겨내고 스페인에서 만나 함께 길을 걷는 이들의 속사정이야 알 수 없다.

그러나 중요한 건 사랑하고 있다는 것, 사랑하기에 어떤 상황도 행복으로 받아들일 수 있다는 것. 페트리스에게 건네는 문 군의 질문은 판에 박힌 듯 빤하지만 카미노에선 처음으로 건네는 질문이다. 문 군에게 세상(프로야구 리그가 있는 나라)의 여행자는 둘로 나뉜다. 야구를 좋아하는 여행자와 야구를 좋아하지 않는 여행자. 그래서 북미나 일본 여행자들에게는 항상 야구 팬인지 확인하는 버릇이 있다.

"몬트리올 출신이면 엑스포스Montreal Expos 야구팀 팬인가요? 대학 복학을 준비하고 있을 때 팀이 사라져 버렸어요. 워싱턴으로 옮겨 버렸잖아요. 한국의 김선우 선수가 뛰었었는데."

"김 선수는 기억나지 않지만 우리에게 야구팀이 있긴 했지요. 근데 별로 관심이 없었어요. 연고지를 옮길 만했죠. 캐나다 사람들에겐 오, 하키, 하키, 하키뿐이거든요! 내게도 하키는 종교지요."

"그래도 미국과 국경을 맞대고 있는데 토론토 말고도 밴쿠버나 몬트리올 등 대도시에 야구팀 하나쯤은 있어도 되지 않을까요?"

"야구 아니어도 즐길 스포츠나 레저가 워낙 많아서요. 아마 빌 게이츠가 야구단을 운영한다 해도 부흥은 못 시킬 겁니다. 사실 야구는 미국 스포츠란 인식이 깔려 있어서 탐탁잖게 여기는 시선들도 은근 있고요. 야구야 패해도 크게 신경 쓰지 않지만 혹여 하키 경기에서 패한다면 팬들이 폭군으로 변할지 몰라요. 그만큼 절대적입니다."

둘만의 오붓한 쉼을 방해할 순 없다. 페트리스와 샤론과는 저녁에 만나게 되면 다시 이야기 나누기로 한다. 느릿느릿 벌판을 따라가다 맞은편 먼 곳에서 또다시 카미노를 거슬

러 가는 순례자를 만났다. 날씨가 좋으면 멀리 수 킬로미터 밖에서 보는 실루엣만으로도 순례자인지 대충 알아볼 수 있다. 역시나 개와 함께인 남자는 괴나리봇짐 수준으로 간소한 차림이다. 오래 씻지 못한 듯 몰골은 초췌해 보였다. 개는 낯선 문 군의 체취를 맡더니 이내 흥미를 잃고 길가를 배회한다.

문 군은 그에게 음식을 나누고자 가방을 뒤적인다. 먹을 만한 비상식량은 떨어진 지 오래다. 가방엔 반쯤 먹다 남은 쿠키뿐이다. 왠지 민망하고, 미안하다. 주는 게 너무 초라해서 상대방이 마음 다치진 않을까 걱정이 앞선다. 좋은 것으로 대접해 상대방의 반응에 본인이 만족해야 하는데 그럴 상황이 되지 못해 머뭇거리고 있다. 문 군은 배려에도 이기적일 수밖에 없는 자신의 태도가 못내 못마땅하다. 가방 속에서 계속 손이 꼼지락거린다. 어떡할까 뜸만 들이는 사이 인사하는 그가 뒤돌아선다. 타이밍을 놓친다.

개는 미련이 남은 모양이다. 문 군 앞에서 꼬리를 살랑살랑 흔들고 있다. 그를 바라보는 얌전하고도 촉촉한 눈빛에서 먹이에 대한 간절함을 읽을 수 있다. 그런 개에게 남자는 귀찮게 굴지 말고 어서 가자며 채근한다. 말도 잘 듣지, 녀석은 주인의 명령에 군말 없이 순종한다. 둘의 뒷모습이 왠지 처연하기만 하다. 지금이라도 불러 세우고 싶지만 어쩐지 용기가 나질 않는다. 벌판을 따라 걷는 고단한 그의 걸음이 더욱 눈에 밟힌다. 누군가에게 마음을 전하는 데 있어 자신의 처지를 먼저 고려해야만 했었을까. 진심이었으면 그걸로 족한데, 상대방은 작은 것에도 충분히 기뻐할 수 있을 텐데. 생각이 너무 많아 망쳐버린 길 위의 만남에서 문 군은 계산적으로 자신을 포장하는 체면의 거추장스러운 면에 질겁한다. 끝내 건네지 못한 아쉬움이 스스로에 대한 실망감으로 변해 거세게 몰아붙인다. 순례

자로서의 응당 본분을 다하지 못했다는 패배감에 무력해진다.

존이 보인다. 이미 10km 이상 걸어온 후다. 그가 문 군을 보더니 미안한지 얼른 뛰어온다. 다행히 지갑은 찾았단다.

"고생하셨죠? 정말 죄송해요."

결코 쉽지는 않았다. 하지만 '괜찮다'고 말하는 게 한국인의 예의다. 사실 문 군에게도 누군가의 어려움에 동참할 수 있었던 좋은 경험이 됐다. 카미노에선 언제, 어디서, 누가, 어떻게 곤란한 상황에 처할지 모른다. 그러니 서로 의지하는 것이 자연스럽다. 도움이 필요한 순례자와 기꺼이 도움을 주는 순례자가 함께 마음이 치유되는 야고보의 길이다.

존의 표정이 조심스러우면서도 밝은 건 참 오랜만이다. 그는 사춘기 시절에 겪었던 깊은 마음의 상처를 안고 있다. 그래서일까. 남에게 약한 모습 보이는 걸 두려워한다. 언제나 센 척하며 굽실거림 없이 꼿꼿하고, 실수했을 땐 도리어 자신을 매몰차게 채근하여 자존심을 지킨다. 약함을 감추고 세상 앞에 당당하게 자신을 드러내기 위한 강력한 자기방어기제를 발동시키는 것이다. 그가 져 줄 수 있는 유일한 이는 동생 진뿐이다.

그러나 문 군은 알고 있다. 그런 모든 행동이 실은 굴침스럽다는 것을. 거칠고 단단해 보이는 겉모습과 달리 스물둘 영혼의 속은 본디 여리고 여리기만 하다. 거듭되는 상처가 두려워 미리 견고한 벽을 쌓고선 내심 아닌 척하는 것이다. 하나 본심은 들통 나기 마련이다. 벌써 10일간의 카미노 동행에서 순례자들은 이제 존의 겉과 다른 속마음을 이해하고 있다. 누각에 걸친 교교한 달처럼 은근히 보드랍고, 강바람 타고 전해지는 거문고처럼 은은한 매력이 있다는 것을 알아가고 있다.

배낭을 건네주니 한결 어깨가 가볍다. 마음도 가볍다. 다만 진흙길을 헤치는 건 더 이상 무리다. 문 군은 산토도밍고Santo domingo까지 120번 국도를 따라 걷기로 한다. 잠시 마른 둔치에서 쉬다 한 남루한 순례자에게 건네려다 만 쿠키를 입에 넣는다. 아직도 마음에 두고 있는 탓일까. 생각만큼 달지 않다. 그는 한 번 더 같은 상황이 찾아온다면 그땐 굳게 용기 내보리라 다짐한다. 조금 더 배려하며 가는 순례를 꿈꾼다. 흐린 안개가 걷히자 멀리 카미노의 가장 아름다운 전설이 서린 산토도밍고가 서서히 속살을 드러내고 있다.

그 겨울의 로맨틱한 알베르게

11세기 무렵, 서민 계층의 문맹이었던 한 목동이 있었다. 지식 계급이 지배하던 당시엔 신분에 대한 사회적 편견이 뿌리 깊었다. 목동 처지로 수도회에 들어가 수도사의 길을 걷는다는 건 공동체 기강을 흔드는 파격 조치라 절대 용인될 리 없었다. 수도사의 꿈을 이룰

수 없었던 그는 광야로 나섰다. 길을 내고 다리를 만들기 시작했다. 순례자들을 위함이었다. 그렇게 수도원에서보다 값진 수행을 하고 있었다.

전설에 의하면 어느 날 길을 내다 잠시 기도하던 중 천사들이 나타나 그의 일을 도왔다고 한다. 이후 그 길을 따라 순례자들을 위한 여러 편의시설이 세워졌고, 덕분에 남루한 처지였던 목동은 이제 길 위의 성인으로 추앙받고 있다. 산토도밍고의 이야기다.

산토도밍고에는 카미노 순례자에겐 일종의 바이블 같은 전설이 하나 더 있다. 어느 순례자 부부와 아들이 길을 가던 중 한 숙소에 묵게 된다. 숙소 주인의 딸은 청년을 보고 반해 접근하지만 독실한 그는 그녀를 거절한다. 화가 난 딸은 금으로 된 술잔(이야기에 따라 '은'이라고도 한다)을 청년의 가방에 몰래 집어넣고는 도둑으로 몬다. 순례자의 아들은 무고했지만 명백한 증거가 있었으므로 교수형에 처해졌고, 아들을 잃은 부부는 기도하는 마음으로 다시 길을 나선다.

부부는 산티아고 순례를 마치고 돌아오던 중 다시 교수대를 지나치게 되었고, 여전히 살아있는 아들을 보게 된다. 그들은 즉시 재판관에게 달려가 이를 고한다. 하지만 저녁으로 닭고기를 먹고 있던 그는 "아들은 지금 먹고 있는 닭처럼 이미 죽었다"며 일언지하에 묵살한다. 그때 기적이 일어난다. 닭들이 살아나 큰 소리로 울기 시작한 것이다. 기적을 본 재판관은 교수대로 달려가 아들을 풀어주고 더 이상 죄를 묻지 않았다.

전설의 마을 산토도밍고로 향하는 길. 훈훈한 외모로 여자 순례자들에게 인기가 많은 다비드와 친근함으로 남자 순례자들에게 호감을 얻은 앙헬, 이 둘과 함께 점심을 먹게 된 문 군은 눈을 의심하지 않을 수 없다. 바에 들어가 먹는다는 것이 고작 커피 한 잔이 전부

차분히 걷고, 대화하는 것, 바쁜 현대 생활 속에서 우리가 잊고 지내는 것.

다. 샌드위치나 머핀도 마다했다. 정말 뭐라도 먹지 않겠느냐고 거듭 확인해도 커피 한 잔, 그것도 에스프레소면 충분하단다. 무려 점심 식사를 말이다.

문 군은 강인한 체력을 요하는 순례자가 이럴 순 없다며 도리질을 한다. 그러곤 가방에서 주스와 봉지에 반쯤 남은 과자를 꺼낸다. 친구들의 체력 저하가 염려된 그가 과자를 권하지만 다들 괜찮다며 사양한다. 도대체 둘의 에너지 근원은 무엇일까? 문 군은 우적우적 과자를 씹어 먹으면서도 미스터리를 풀지 못한다.

잔뜩 찌푸린 이른 오후에 산토도밍고에 도착했다. 안젤로와 조르조가 걸음을 멈춘다. 두 노장의 목적지는 여기까지다. 순례자 잡지 '엘 페레그리노El peregrino'가 발간되는 산토 알베르게에 묵겠단다. 둘은 생의 마지막 우정 여행이 될지 모를 길을 쫓기듯 다니지 않는다. 여기에서 짐을 풀고 카페에 들어가 도란도란 얘기 나누는 재미에 젖어들 거란다. 그들에겐 다른 어떤 순례자보다 둘만의 시간이 더 필요하다. 어느덧 하루만 보지 않아도 아쉬운 사이가 되었다. 문 군은 손자가 된 마냥 '꼬옥' 안는다. 안을수록 더 안고 싶어진다. 어릴 적 할아버지의 이유 없이 따뜻했던 품 그대로이다. 그 품이 또 그리울 내일을 기약한다.

"안젤로, 조르조. 우리는 헤어지는 것이 아니라 다시 만나는 거예요."

그냥 이곳에서 고풍스러운 전설을 논하며 잔뜩 풀어진 채 쉬어볼까도 했지만 아직 시간이 이르고, 걸음을 추진하는 심장의 파워 엔진은 여전히 정상가동 중이다. 순례자들은 그라뇽Grañon의 산 후안 바우티스타 교회Iglesia de San Juan Bautista 알베르게까지 5km 더 걷기로 한다. 공몽해지는 들녘 길을 맞바람 안고 걷기 30분, 거대한 발리엔테스 십자가Cruz de los Valientes가 세워진 언덕에 이른다. 수직과 수평, 단순한 두 선의 교차만으로도 사랑을 위해

희생을 택한 한 인생의 숭고한 삶이 묵직하게 반추된다. 이 순간 순례자의 영혼은 깊이 위로받는다.

눈앞에 목적지가 보여서일까. 마지막 고비에 긴장이 풀린다. 걷는 속도가 현저히 느려진다. 급기야 매섭게 파고드는 겨울바람에 발바닥이 까진 막내 순례자 진이 휘청거린다. 아니나 다를까 그녀가 밭고랑을 지나다 미끄러진다. 그런데 하필 풀썩 주저앉아 버린 곳이 말똥 위다. 웃어야 할지 울어야 할지 모를 상황이지만 쿨한 그녀는 두어 번 투덜대더니 그걸로 끝낼 뿐이다. 알베르게에서의 단란한 쉼을 기대하는 머릿속에 불평이 자리할 틈이 없다.

카이저수염까지였다면 더 완벽하게 멋있었을 은발의 자원봉사자 하비에르Javier가 따뜻하게 순례자들을 맞는다. 맙소사, 문 군의 동공이 커진다. 이건 격정적 아늑함이다. 교회를 개조해 만든 알베르게에 들어서자마자 설렘으로 기대가 부푼다. 눈에서 재빨리 머리로, 다시 천천히 가슴으로 젖어드는 역대 가장 감성적인 숙소가 바로 앞에 펼쳐져 있다.

순례자들이 교제하는 휴게실 벽면엔 장작 때는 벽난로가 있다. 안온한 노변담화爐邊談話를 나누기에 안성맞춤이다. 중앙 테이블은 모두가 식사할 수 있을 만큼 크고, 이 밤을 즐

길 만한 포도주가 넉넉하게 준비되어 있다. 한쪽 구석엔 기타와 피아노, 작은 책장이 놓여 있어 자신만의 공상세계에 빠져들기 참 좋겠다.

지붕 바로 밑엔 어릴 적 향수를 불러일으키는 다락방이 있다. 마침 잠자리가 이곳이라기에 아이처럼 들떠진다. 캐노피 없이 달랑 매트리스 한 장 깔고 자는데도 영화 속 주인공처럼 로맨틱한 꿈을 꿀 것만 같다. 건물 곳곳엔 미로처럼 캄캄한 통로가 나 있어 탐험하는 재미가 쏠쏠하다. 방심하면 머리를 찧는데도 연신 웃음이 터질 정도다. 그리고 이 모든 것을 소리 없이 감싸고도는 난색暖色의 오렌지빛 조명이 감미로운 분위기에 방점을 찍는다.

하비에르의 인도에 따라 순례자들이 종루에 올라 본다. 일정한 시각이 되면 어김없이 울리는 종소리의 거룩한 공명에 심히 달떠 수선 피우던 재잘거림이 잦아든다. 빨간 지붕이 물결을 이루는 소읍 뒤로는 비옥토가 지평선까지 펼쳐져 있다. 종소리는 지붕들을 타고 붉게 타들어 사라지고 육신을 위해 도모한 탐욕적 일상은 타고 남은 재가 되어 회개의 마음 밭에 뿌려진다. 문 군은 문득 자신이 정녕 현실이자 실존일까 궁금해진다. 지금, 이곳에 있는 이유만으로도 그저 백일몽처럼 여겨지는 까닭이다.

저녁은 모두가 함께한다. 예외 없는 규칙이다. 이곳에서 한 달간 순례자들을 돕고 있는 하비에르가 맛있는 수프와 샐러드, 빵과 요리를 대접한다. 앙헬이 그의 일손을 도왔고, 다른 이들 역시 누가 말하지 않아도 스스로 주변을 정리한다. 또한 모여 있을 땐 모든 상황에 먼저 남을 헤아리는 제스처를 취하는 게 당연한 일상이 되고 있다. 순례자들 사이에 해피바이러스가 퍼진 이래 배려 중독증세가 나날이 심화되고 있다. 외로웠던 영혼들 모두 감사에 미쳐가고 있다. 인간애에 눈이 멀어 가고 있다.

식사 후 순례자들이 예배당에 모였다. 순례자를 위한 촛불 의식이 있단다. 자신에게 주어진 길을 조용히 묵상하고, 기도문을 읊으며, 옆에 있는 벗을 오롯이 품어주는 시간이다. 누군가를 마주하며 뜨겁게 축복해 본 적 언제인가. 손에 손을 잡고, 가슴으로 가슴을 안고 격하게 마음 나눠본 적 언제인가. 어떤 선입견도 없이, 있는 모습 그대로 서로를 인정하는 참 평화를 누려본 적 언제인가. 밖의 세상에선 진실한 나눔을 틀어막는 장애물이 너무 많았다. 국적과 성별과 나이와 지위를 떠나 조건 없는 우애를 나누는 카미노 순례자들은 그래서 이리도 감동하고 있다.

넘치는 행복을 주체하지 못하고 있다. 실컷 웃고 난 뒤 알베르게의 밤 10시 풍경. 존은 동생 진과 함께 서로의 물집 잡힌 발을 살피고 있다. 그러니까 "너 좀 걱정되니 무리하지 말고 천천히 다녀라", "됐고, 오빠 발에 물집이나 잡아줄 테니 가만 좀 있어보라"며 무뚝뚝한 존과 말괄량이 진 사이에 우정 가득한 남매의 대화가 봇물 터지고 있다. 문 군에겐 순례 이후 처음 보는 둘의 스킨십 장면이다.

평소에 대화가 드물었단다. 그 탓에 출발 땐 둘 사이가 꽤나 까끌까끌했었다. 남매의 신경전은 실은 서툰 애정 표현임을 알면서도 괜히 더 삐뚤어지곤 했다. 서로에게 관심을 확인하고 싶은 것이다. 오빠는 동생이 궁금했고, 동생은 오빠를 알고 싶었다. 길은 생각을 묻게 한다. 대화의 스위치를 켜는 순간 관계의 빛이 밝아진다. 지나온 길이 길어질수록 둘

의 친밀도는 눈이 부시게 농밀해지고 있다. 가끔 폭죽처럼 터지는 둘의 폭소가 문 군은 무척 반갑고 고맙다.

몬트리올에서 온 페트리스는 유창한 스페인어를 구사하며 앙헬, 파블로와 함께 정겨운 대화를 나누고 있다. 어제 길에서 잠시 대화를 나눴을 때 문 군은 말수 적고 웃음기 없는 그가 자존심 강한 깐깐한 성격이라 예상했었다. 그게 아니었다. 단지 신중했을 뿐이다. 조금 낯을 가렸을 뿐이다. 누군가의 말을 경청하기 위해 비록 어리숭하다 해도 상대방이 사용하는 언어로 대화를 시도하는 모습은 충분히 따뜻해 보인다. 문 군의 시선은 페트리스의 숨은 배려에 꽂혀 있다.

호주에서 온 샤론은 손놀림이 바쁘다. 그녀의 직업은 의사다. 순례자들의 근육을 풀어주고 아픈 이들에게 약을 처방해 준다. 자신의 재능을 기꺼이 나눔으로 함께하는 이들의 지친 마음까지 치료해 준다. 뭉친 근육을 풀어주는 전문가의 하이터치를 경험한 문 군은 그녀의 화사한 웃음으로부터 회복의 비밀을 발견한다. 항상 진실함을 담는 그녀의 미소는 치료에 관한 신뢰를 주고, 나을 수 있다는 믿음을 증폭시킨다.

"좋은 날이란 배우는 날이라고 생각해. 뭔가 배울 수 있다면 그날이 좋은 날인 거지. 만약 네 삶에서 좋은 날을 만들고 싶다면 무엇이든 배우려고 해봐. 배움이 주는 유익이 크니깐."

"그럼 오늘은 샤론 당신에게 있어 좋은 날인가요?"

"물론이지. 순례자들을 보면서 많은 것들을 배우니깐. 남아공에서 2년간 진료봉사를 하며 행복을 느낀 적이 있었어. 그때도 누군가를 위해 내 것을 내어주면 참 기뻤었지. 근데

카미노의 행복은 그것대로 또 특별하게 느껴져. 뭐랄까, 나는 늘 주는 입장에서만 생각했었거든. 근데 나도 누군가로부터 받을 수 있다는 걸 알게 됐어. 그 사실에 내가 치유되는 거야. 여기 순례자들 보니깐 서로 잘 챙겨주더라. 참 보기 좋았어. 이 길에 혼자였거나 페트리스와 둘 뿐이었다면 난 아마 그냥 길만 걷지 않았을까 싶어."

순례하는 동안 그녀는 동료의 건강을 살피고, 자기에게 있는 약을 모두 나눠주었다. 의사로서 성공할 수 있는 사회적 지위를 취하는 대신 아프리카 의료봉사를 택했고, 지금은 호주 시골에서 자연과 벗 삼으며 조그만 병원에서 일하고 있단다. 실력이 있음에도 거만하게 드러내지 않고 오히려 배울 점이 있어 좋은 날이라며 겸손할 줄 아는 멋진 여인이다. 숨 막히는 개인주의의 한파 속에 휩쓸려 신음하던 문 군은 그녀에게서 행복이 움트는 봄 향기가 진동함을 느낀다.

내일모레 입대를 앞두고 친구들과 흥청망청 노는 대신 차분히 마음을 정리하기 위해 순례를 택한 용규. 그는 지금껏 남들이 자신을 어떻게 보는지만 의식하며 살아왔단다. 뚜렷한 자기 기준이 없었다. 이번 카미노 순례를 계기로 스스로 주체성을 가지고 도전하는 인생을 꿈꾼다. 용규는 매일 밤 끊이지 않는 소재로 수다를 떨며 다비드와 절친한 사이가 되었다. 오늘도 역시 그와 추억의 한 페이지를 장식하는 중이다. 가만 보니 이번엔 또 한국의 '걸그룹'을 소개해 준 듯하다. 다비드 얼굴에서 웃음이 떠나질 않는다. 집중하는 눈매를 보자니 스마트폰 화면에 빨려 들어갈 기세다.

낭만적인 밤의 대미는 재희가 장식한다. 참새가 방앗간을 그냥 지나칠 리가 있나. 전공자인 그녀가 실로 오랜만에 피아노 앞에 앉아본다. 20대 땐 충만했던 음악에 대한 열정이

집 담벼락 타일에 그려놓은 카미노 루트.

지금은 사그라지지 않았을까 하고 스스로 염려하지만 다행히 손은 기억하고 있었다. 그녀가 연주를 시작하자 사람들이 주변으로 모여든다. 오래되어 삐걱대는 피아노는 새치름한 소리를 내지만, 그녀는 건반을 부드럽게 훑으며 처진 음률을 약동시킨다. 모두가 알만한 익숙한 멜로디가 연주되고, 알베르게에는 잔잔한 여운이 순례자들의 감정선을 감질나게 건드린다.

세상에 뜻 없는 소리는 없다고 했던가. 체스를 두고, 독서를 하고, 마사지를 하고, 와인을 들고, 물집을 잡고, 설거지를 하고, 엽서를 쓰고, 수다를 떨던 순례자들이 소리의 시작점을 응시하고 있다. 마음껏 행복해하고 있다는 소리, 뜨겁게 사랑하고 있다는 소리, 나 자신을 겸허히 돌아보고 있다는 소리……. 재희의 손끝에서 피어나 흐르는 멜로디는 오늘 밤 저마다 특별한 추억이 되어 마음속 악보에 기록되고 있다. 이 장면을 지켜보던 하비에르가 문 군에게 넌지시 농을 건넨다.

"정말 좋은 알베르게에서의 멋진 밤이야, 안 그래? 하지만 이것 또한 잊지 마시게나. 이곳에 근사한 봉사자가 있었다는 걸."

그라뇽 산 후안 교회에서 한겨울 밤의 잊을 수 없는 순간들이 켜켜이 쌓여간다. 그러고 보니 이곳의 방명록에는 이미 열혈 간증들이 빼곡하다. 한 줄 한 줄 아빠 미소로 읽어가던 문 군은 자신과 동일하게 공감한 이가 끝도 없다는 사실에 괜히 눈물 나게 감격스럽다. 그는 정말이지 예비 순례자들에게 목청껏 외치고 싶은 마음을 꾹꾹 노트에 눌러 흔적을 남긴다.

'그대여, 산토도밍고를 넘어 그라뇽으로!'

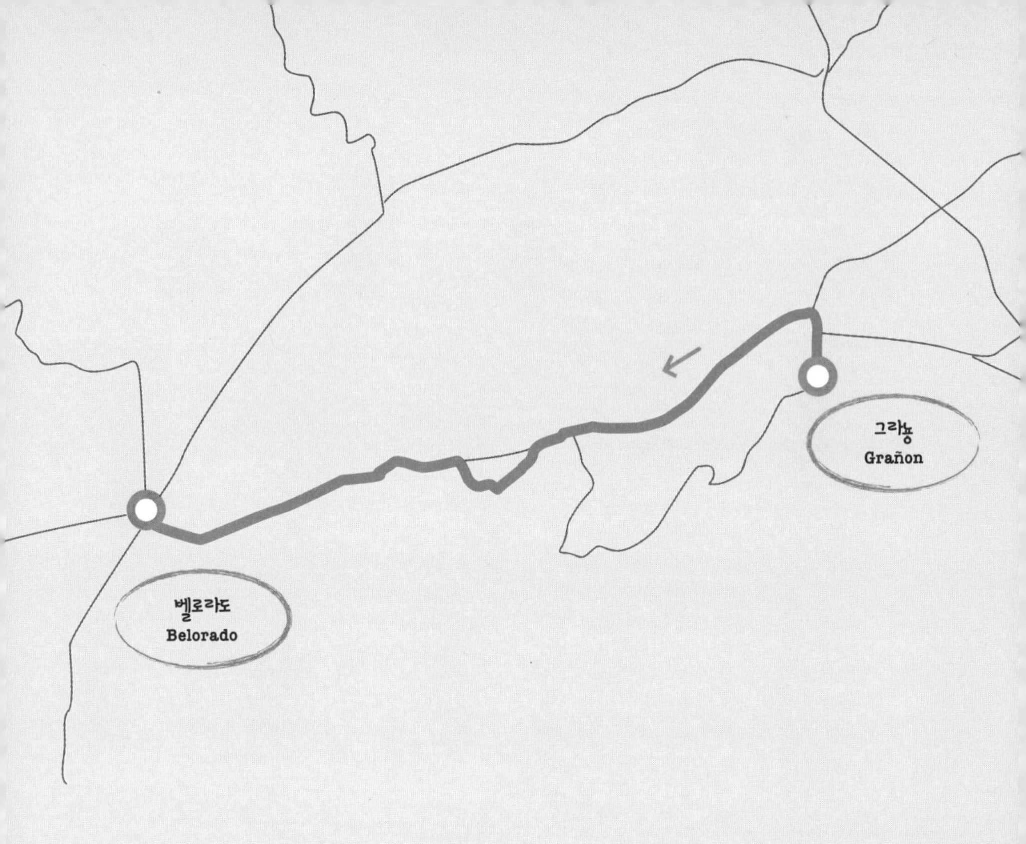

 그라뇽 → 벨로라도

베드버그에 물린 상처를 치유하는 방법

스산한 겨울바람이 무너진 담벼락을 훑고 간다. 오랫동안 사람이 살지 않은 듯 창문이 떨어져 나가 있고, 지붕이 내려앉은 집들을 어렵잖게 볼 수 있다. 전율이 일 정도의 적막함을 깨는 건 낡고 퇴락한 골목 안에 울리는 또박거리는 걸음 소리뿐. 자유로운 날갯짓으로 혼자 걷다 하나둘 모여든 순례자들은 단 두 개의 그네뿐인, 작은 마을 초칼테로Chocaltero 공터에서 잠시 쉼을 가진다.

"화장실이 어디 있지?"

한 순례자의 독백 같은 물음에 동행자들이 두리번거리는 시늉을 한다. 다들 구태여 일어날 생각이 없다. 오래간만에 뽀송뽀송 빛을 발하는 햇볕 아래 강행군으로 축 젖은 마음을 건조시킨다. 견과류 주전부리와 함께 망중한을 즐김이 꿀맛이다. '안 보이는 곳에서 해결하라'는 동서양을 막론한 고전 모범답안이 누군가의 입에서 자동인식 시스템처럼 출력된다.

문 군이 일어난다. 지금 그에게 화장실은 필요조건이 아니다. 속셈은 따로 있다. 마을 사람을 만나면 양해를 구하고 집 내부 사진을 찍을 요량이다. 이만한 여건이라면 옛 문화를 어느 정도 지켜오지 않았을까 하는 막연한 추측이다. 문을 두드려 본다. 인기척이 없다. 분명 주차되어 있는데 반응이 없다. 걸음을 옮겨 다른 집을 방문한다. 문이 열려 있다. 집주인을 불러본다. 대답 대신 불청객을 맞은 닭이 홰를 치고, 개가 짖는다.

완벽한 고스트 타운이다. 체념한 문 군이 공터로 되돌아온다. 나이를 잊은 앙헬과 재희가 그네 두 자리를 차지해 엉덩이를 파묻은 채 타고 있다. 파블로는 갈증이 깊었는지 물배를 채운 뒤 식수대에서 물병을 다시 채우고, 다비드와 존은 자체 제작한 '구름과자' 맛에 흠뻑 빠져 있다. 진은 별 미동 없이 가만히 남들을 바라볼 뿐이다. 자연을 벗 삼아 자유를 누리고 싶다던 용규는 시간에 구애받지 않겠다 했다. 아마 어딘가 저 뒤에 천천히 걸어오고 있는 모양이다. 다들 갈한 영혼들이다. 허기진 관심을 채울 필요가 있는 순간이다. 함께 있으면서도 누군가의 관심에 누구보다 반가운 반응을 보이는 외로운 도시인이다. 산티아고 길을 핑계로 마음껏 우정을 나누려 작심한 이들이다.

갑자기 공터 맞은편 집 이 층 창문이 열린다. 열린 문 사이로 가축들이 대신 대답한 집이다. 나이 든 아주머니가 말린 빨래를 턴다. 순례자들을 보고도 냉연한 무표정이다. 말을 섞고 싶지 않은 티가 역력하다. 재잘대던 수다가 잦아들고 주위가 조용해진다. 일부는 당황한 기색이다. 그녀는 왜 반응하지 않았던 걸까? 반갑게 인사 정도는 나눌 수 있는 미덕을 기대함이 무리인 걸까? 문 군 마음이 살짝 서운함으로 젖어들려 한다.

아마도 이전 순례자들에게 상처받았는지 모른다. 걷는 이들의 발걸음 소리와 이야기 소리, 때론 순례자라는 타이틀을 깃대로 한 그들의 이기적인 행보가 자유로움과 평화로움을 마땅히 보장받아야 할 마을에 적잖은 애로를 만들어냈는지도 모른다. 다른 마을과 달리 순례자를 위한 장사 없이 농업에만 종사하는 까닭 또한 객들을 그리 달가워하지 않을 근거로 삼을 수 있을 것이다.

한 사람씩 조용히 자리를 털고 일어난다. 예기치 않은 아주머니 등장에 잠시 혼란이 왔으나 있는 그대로 이해하고 돌아선다. 불평하거나 투덜대는 제스처를 취하는 이는 없다. 누구도 아주머니의 입장이 아닌 이상 함부로 재단하지 않는다. 순례자는 이 땅의 터를 잡고 사는 현지인들의 땅을 잠시 빌려 걷는 엄연한 방문자일 뿐이니까. '트러블'을 만들지 않는 '트래블', 2주째 걷고 있는 순례자들의 작은 신념이다.

무난한 18.9km 카미노를 걸어 오늘 목적지인 벨로라도Belorado에 발을 디뎠다. 모처럼 일찍 마무리한 일정 탓에 다들 빨래 등 개인정비 하느라 여념 없다. 할 일을 다 마쳤는데도 고작 오후 3시 반인지라 분위기가 붕 떠 있다. 처음 맞는 여유에 적응되지 않는 듯 여기저기 시간 관리에 갈피를 잡지 못하는 모습이다. 대부분은 묵은 피로를 풀기 위해 시에스타에 돌입한다. 지친 육체를 달래주는 가장 훌륭한 대처다.

"앗, 따가!"

자고 있던 문 군이 깜짝 놀라 깬다. 채 몇 분 지나지 않아 오른쪽 손목이 부풀어 오르기 시작한다.

"무슨 일이에요?"

"베드버그! 책자에서 보던 그 벌레에 물렸어요."

처음 있는 베드버그 출현에 알베르게가 순식간에 난리법석이다. 한 번 물리면 그 가려움이 오래 지속되고 옷이나 침낭을 타고 옮길 수도 있어 요주의 경계대상이다. 다들 뒤늦게 침대 커버에 약을 뿌리고 방어태세를 갖춘다. 다시 만난 조르조는 깐깐한 이탈리아 출신답게 알베르게 주인에게 상황을 설명하고 대책을 주문한다. 문 군이 걱정된 안젤로는 연신 괜찮냐며 염려한다. 베드버그의 기습공격으로 정신없는 그에게 누군가 바르는 약을 건네준다. 물린 부분이 벌겋게 달아올랐다가 차츰 진정된다.

겨울철이라 방심한 탓이다. 다행히 피해자는 문 군 한 명으로 그친다. 난리통에 정신없는 사이 감출 수 없는 성실함과 사람 좋은 인상으로 인정받던 파블로가 안녕을 고한다. 휴가 기간이 끝나 집이 있는 부르고스로 가야 한단다. 며칠 함께하지 않았으면서도 떠난 자리에 온기를 남긴 순례자다. 떠나면서 그는 공수표가 되어도 나무라지 않을 기분 좋은 약속을 남긴다.

"부르고스에 오면 다들 초대할게요, 부엔 카미노!"

"그래요, 만나서 반가웠습니다. 조심히 가세요, 또 봐요."

늦은 오후, 무료해진 문 군이 묘안을 짠다. 그는 순례자들을 불러 모은다. 저녁내기 제안을 위함이다. 종목은 윷놀이. 마침 그에게 윷이 있다. 그는 윷놀이의 장점인 단순한 놀이 방법을 소개하는데 열변을 토한다. 딱히 할 일 없던 외국인 순례자들이 호기심을 보인다. 대충 규칙을 이해하는 뉘앙스에 문 군, 구각춘풍 필살기로 게임 참가 동의를 이끌어 낸다. 그는 놀이도 하면서 저녁까지 손쉽게 해결하려는 일거양득의 은밀한 꿈을 꾼다. 물론 상

대방에겐 그 꿈이 현실로 꽃을 피우는 그림을 그려주며 환상을 부채질한다.

문 군 매뉴얼에 있는 윷놀이에는 두 가지 버전이 있는데 첫 번째는 전통적인 방식이다. 두 명이서 한 팀을 만들어 네 팀이 경쟁하는 리그전이다. 당연히 4개의 윷말을 빨리 놓는 팀이 승리한다. 두 번째는 팀 만들기에 인원이 애매할 때 개인전에 적용하는 방법이다. 이를테면 도가 1점, '백'도가 -2점, 개 2점, 걸 3점, 윷 4점, 모가 5점 얻는 식이다. 거기에 '백'도의 반대개념으로 윷 하나에 따로 표시해 둔 '서울'도가 있어 6점을 획득하게 장치해 둔다(보통의 윷놀이에서 '서울'도가 나올 경우 단번에 출발 대각선 자리로 말을 옮기게 된다. 그리고 '퐁당'이라는 또 하나의 장치가 도착지점으로부터 두 칸 떨어진 두 곳에 표시되어 있는데 이곳에 걸려들 경우 말을 출발지점부터 다시 놓아야 한다. 이 방식은 아프리카 잠비아 교민들이 창안한 것이다). 이 경우 10회를 던져 가장 많은 점수를 획득한 이가 승리하게 된다. 이번엔 참석자가 7명이니 개인전으로 의견을 모은다.

윷놀이에 앞서 내기의 범위를 정한다. 5~7등이 음식 재료를 사고 식사 준비까지, 3~4등은 설거지 담당, 1~2등은 특권으로 쉬기로 한다. 내기가 빠지면 놀이는 싱거워진다. 승부를 겨뤄 얻을 전리품은 게임에 몰입하게 하고, 활력을 불어넣는다. 그러나 그것이 주가 되어서는 안 된다. 즐거움이 메인이고 내기는 부차적인 것이다. 게임에 앞서 하나의 원칙을 정한다. 문 군이 제안한다.

"지는 사람이 부담 없이 기쁘게 대접할 수 있고, 이기는 사람이 부담 없이 감사하게 대접받을 정도의 식단으로 정하도록 해요."

참 재밌는 법칙이다. 왜 내기는 꼭 제안한 사람이 지는 걸까. 문 군, 앙헬과 함께 꼴등이

다. 첫판부터 '백'도가 나와 다른 순례자들의 환호에 둘러싸이더니 마지막까지 처참한 점수로 인생역전의 꿈을 접어야 했다. 고로 일거양득 꿈은 그의 탄식을 타고 다른 이에게 철썩 안긴다. 문 군의 몰락으로 주변이 배를 잡고 행복해하니 이런 트래지코미디tragicomedy가 또 있을까.

그는 남들이 윷, 모를 던져 승승장구할 때 믿을 수 없는 '개'판을 벌여, '개'의 신화를 일궈낸 또 다른 하위권 멤버 존과 함께 저녁 식사를 준비했다. 마카로니에 치즈와 참치, 마요네즈와 콘을 섞어 오븐에 구운 요리가 메인 메뉴고, 황도가 디저트로 제공되는 식단이다.

윷놀이에 진 세 사람이 쓴 돈은 고작 15유로. 1인당 5유로씩 갹출해 모두가 푸짐하게 저녁 식사를 들었다. 감사하게도 이긴 자나 진 자 모두 화기애애한 시간을 보낸다. 이 분위기를 틈타 '다음에 한 번 더!' 외치는 귀여운 몽니는 인지상정이 된다. 베드버그에 물린 상처는 이미 내기 윷놀이로 신 나게 놀다 보니 치유되어 있었다.

"형, 아까 손에 잡고 있던 베드버그, 그거 죽였죠?"

"아니요, 놓아 줬는데요. 정확히는 놓쳤는데 그냥 그대로 두었어요."

"왜요?"

"미물이라도 불쌍하잖아요."

"아, 형!"

오래간만에 뽀송뽀송 빛을 발하는 햇볕 아래

강행군으로 축 젖은 마음을 건조시킨다.

견과류 주전부리와 함께 망중한을 즐김이 꿀맛이다.

 벨로라도 → 아타푸에르카

아파도 아프다고 말할 수 없는 아픔이 있다

찌릿, 바늘에 찔린 것처럼 움찔하다. 문 군은 며칠 째 책상다리로 앉지 못하고 있다. 의자가 없을 땐 벽에 등을 대고 다리를 쭉 펴야 간신히 앉을 몸 상태에 '이제 푸른 청춘과 안녕을 고했다'며 빈 웃음이다. 젊음은 결코 과거 완료형이 될 수 없다고 거드름을 숙주로 대책 없이 지내온 날들이다. 허랑방탕함이 암세포처럼 기생 번식하니 20대는 섬광처럼 찰나의 파편으로 사라지고 30대 파리한 영혼의 열은 탄식만이 헛헛한 삶의 자화상을 대변한다.

머리 위로 무겁게 떠 있는 잿빛 하늘이 금방이라도 제 무게를 버티지 못하고 꺼질 듯하다. 티론 강Rio Tirón을 지나 토산토스Tosantos 마을을 거쳐 본격적으로 언덕이 시작된다. 오르막에 지레 겁먹은 문 군이 무겁게 몇 걸음 떼자 멀리 절벽 비탈면에 건축된 성모 마리아 예배당Ermita Virgen de la Peña이 보인다. 12세기, 마을 중심이 아닌 산을 깎아 믿음을 지키려 했던 연유가 궁금하다. 독특한 모습의 암석 교회로 향하고 싶지만 마음과는 달리 발이 천근만근이다. 날씨 핑계 대기에도 안성맞춤이다. 툭툭 이슬비가 내리기 시작한다.

15km 지점인 모하판 봉Alto Mojapán까지는 완만한 경사길이다. 점심때에 이르러 대보름만 한 차파타 빵 하나로 문 군은 존과 함께 시장한 속을 달랜다. 안젤로를 비롯한 다른 순례자들은 오늘 루트선상에 유일하게 문을 연 비야프랑카Villafranca 마을의 작은 바에 들어가 식사를 챙긴다. 이곳은 황량한 언덕길이 계속되기에 물과 음식을 구할 만한 조그만 가

게조차 없다. 그래서 이따금 슈퍼 모양으로 꾸며진 차량이 외진 마을로 직접 들어가 물건을 판매한다. 어린 시절 용달차 행상을 떠올리게 하는 정겨운 풍경이다.

다시 시작되는 순례, 덤뻑 나선 문 군이 멈칫한다. 왼쪽 무릎이 굽혀지지 않는다. 허리 통증까지 더해진다. 가야 할 길의 난이도가 그리 만만치 않은데 무탈하게 감당하기엔 꺼림칙한 몸 상태이다. 잠시 쉬며 무릎 위에 한방파스 한 장을 붙인다. 능사는 아니다. 위약 효과를 기대하는 것이다. 자전거를 밀고 1,150m의 페드라하 언덕Puerto Pedraja까지 올라가는 길은 차라리 형벌이다. 거친 피로감에 심장이 터질 듯하다. 무릎과 발목에 찌릿하게 전해지는 고통에 이맛살을 찌푸린다.

스스로 치유되고 이겨내는 생명의 자정능력을 신뢰해 온갖 잔병에도 좀체 약을 찾지 않던 문 군이다. 그런 그가 언제부턴가 여행 중에 아스피린과 감기약을 입에 달고 살고 있다. 세상의 속도를 비켜나 천천히 걷는 카미노 길에서도 육체와 영혼의 안식을 위해 인위적 처방은 필요했다. 그에게도 다독다독 마음의 위로가 필요할 때, 작은 아픔에도 의연한 척하며 눈물조차 맘대로 흘릴 수 없을 때가 있다. 그럴 때 마주 보며, 쓰다듬으며 마음 헤아리는 위로 없이 아스피린이나 감기약만으로 버텨야 한다는 건 너무 잔혹한 돌파구다.

순례자들이 목을 축이고 가는 '어린 양의 샘' 맞은편엔 발데푸엔테스 예배당Ermita Valdefuentes이 있다. 지금은 무성한 수풀만 자라있는 옛 건축물 아래 몸을 기대고 휴식을 취한다. 문 군은 아프다. 그런데 아프다고 투정부릴 수 없는, 아니 그 생떼를 받아줄 이 없는 쓸쓸함이 더 아프다. 여태껏 자기감정을 배제하고, 절제할 줄 아는 것이 미덕이라며 강요받고, 강요하며 살아왔다. 그것이 한국인의 대표적 정서 한恨의 뿌리 깊은 통설인지 모른다.

문 군은 감정대로 살고 싶다. 행복하면 웃고, 슬프면 울고, 언짢으면 화도 내고, 기뻐하면 즐거워하고……. 솔직한 감정을 봄 햇살처럼 따뜻하게 소통하고 싶다. 그런 감정들이 사랑으로 이해되는 관계의 벗들을 살면서 많이, 깊게, 오래 만나고 싶다. 희로애락의 모든 감정이야말로 신이 주신 고귀한 선물이다. 그리움이 병이 된다는 것, 누군가를 질투한다는 것, 아파도 아프다고 말할 수 없는 것, 모두 아픔이다.

조금씩 늘어지는 그림자를 끌면서 산길을 넘어 산 후안 데 오르테가San Juan de Ortega에 닿는다. 산 후안은 그의 스승 산토도밍고처럼 순례자를 돌본 것으로 유명하다. 그가 예루살렘 성지 순례를 다녀올 때 배가 폭풍우에 난파되어 익사 위험에 처한 적이 있다. 그때 그를 구해준 인물이 산 니콜라스 데 바리San Nicolás de Barri다. 그는 1150년 성 아우구스티누스 수도원과 교회를 세워 산 니콜라스에게 봉헌한다. 그리고 그 건축물들은 모두 중세 순례자들을 위해 이용되었다고 한다.

그들의 작은 헌신은 선순환을 만들어 냈다. 카미노 곳곳에서 이처럼 아름다운 전설들이 영광굴비처럼 쉬지 않고 엮이어 나온다. 그래서 순례자를 도전시킨다. 오늘 문 군에게

는 남이 나에게 무엇을 해줄 것인가를 생각하기 전에 스스로 남에게 먼저 무엇을 해주어야 할 것인지를 생각해 보는 시간이 될 것이다. 혹 자신보다 더 아파하는 영혼이 있다면 그의 위로가 되어줄 각오를 다져야 한다. 지금쯤 순례자들은 누군가의 한 마디 위로가 내심 그리울 것이다. 힘들다고 웃음을 잃어버리고 살아온 삶인데, 오늘은 길마저 힘들었을 테니.

아헤스Agés 마을엔 빽빽한 떡갈나무와 소나무로부터 향긋한 내음이 진동했지만 길가에 가시가 많았다. 문 군은 동네 우물 옆에 자리를 잡고 구멍 난 자전거 바퀴를 수리한 뒤 알베르게를 수소문한다. 하룻밤 15유로라는 말에 지체 없다. 다음 마을까지 3km 더 가기로 한다. 풀린 다리를 억지로 끌며 아타푸에르카Atapuerca에 들어서니 가장 먼저 1994년 발굴되었다는 호모 앤티세서의 그림이 보인다. 인류 조상 흔적의 발굴로 2000년 유네스코 세계문화유산으로 지정된 곳이 근처에 있으니 궁금하면 둘러볼 수도 있다. 하나 인류 역사보다 당장 오늘 저녁 역사가 더 중요한 문 군의 삐걱대는 걸음이 이어진다.

앙헬을 비롯한 순례자들이 속속 아타푸에르카에 도착한다. 그런데 다비드가 보이지 않는다.

카미노는 많은 얘기를 들려주고, 많은 얘기를 들어준다.
함께 걷다 혼자 걷고, 혼자 걷다 함께 걷는다.
가장 중요한 건 나 자신과 함께 걷는다는 사실.

“녀석도 순례 후 고질적이었던 무릎과 발목 부분 부상이 심각해서 오늘은 아헤스에서 그냥 자겠대. 내일 걸을 수 있을지 모르겠어. 참, 안젤로와 조르조도 그곳에 함께 있어.”

가장 강인해 보였던 다비드의 뜻밖의 이탈 소식이다. 걱정되면서도 내일이면 다시 회복될 것을 기대하며 ‘라 우테’ 알베르게에 여장을 푼다. 숙박은 5유로, 식사는 달랑 한 접시에 담아낸 음식이 7유로다. 배보다 배꼽이 큰 현실에 경악을 금치 못한 문 군은 무한 제공되는 바게트로 분노의 3연타 ‘흡입’을 선보인다. 게다가 냉수 샤워에 냉기가 감도는 침대인지라 15유로지만 온수 샤워에 무선 인터넷까지 된다는 아헤스 알베르게를 지나친 게 갑자기 후회된다.

31.5km를 걸은 고단한 하루, 난로에 불을 지핀 다음 옷을 두 겹, 세 겹 꽁꽁 껴입고 침낭에 얼굴까지 파묻는다. 길고 추운 밤, 가장 먼저 자리를 잡은 문 군이 가장 난로와 멀리 떨어져 있다. 어두운 천정을 응시하다 이내 눈을 감는다. 살아 계신다면 시큰거리는 무릎에 ‘내 강아지, 호호’ 하며 약손을 얹고 기도해 줄 할머니를 생각해 본다.

다음 날 이른 아침, 인기척에 실눈을 떠보니 앙헬이 꺼져가는 난롯불을 열심히 살리고 있다. 추울 텐데, 귀찮을 텐데, 다른 이들은 곤히 자고 있는데, 혼자서 행여 남들 잠 깰라 조용히 일을 보고 있다.

“앙헬, 안 추워? 좀 더 자지그래.”

“아니야, 괜찮아. 조금 더 자려면 불이 꺼지지 않고 계속 따뜻해야지. 난 이미 잠 다 깼는걸.”

그가 불을 살피다 고개를 돌려 빙긋 웃는다. 그 역시 피곤하다는 것을 문 군은 잘 알고

있다. 누군가의 푸근한 잠을 위해 아무도 모르는 사이 또 다른 누군가는 꺼져가는 불을 지핀다. 이것은 문 군 가슴에 남을 카미노의 또 하나의 아름다운 기억이 된다. 앙헬을 보고 있으면 왠지 모르게 아픔이 사라진다. 그에 대한 순례자들의 이어지는 칭찬이 문 군이 가지는 감정과 같아 놀라다가 이내 흐뭇해진다. 앙헬, 그의 이름처럼 '천사'짓이 아름답다. 그에게만은 아프면 아프다고 말할 수 있을 것 같다.

그에게도 다독다독 마음의 위로가 필요할 때,

작은 아픔에도 의연한 척하며

눈물조차 맘대로 흘릴 수 없을 때가 있다.

그럴 때 마주 보며, 쓰다듬으며 마음 헤아리는 위로 없이

아스피린이나 감기약만으로 버텨야 한다는 건

너무 잔혹한 돌파구다.

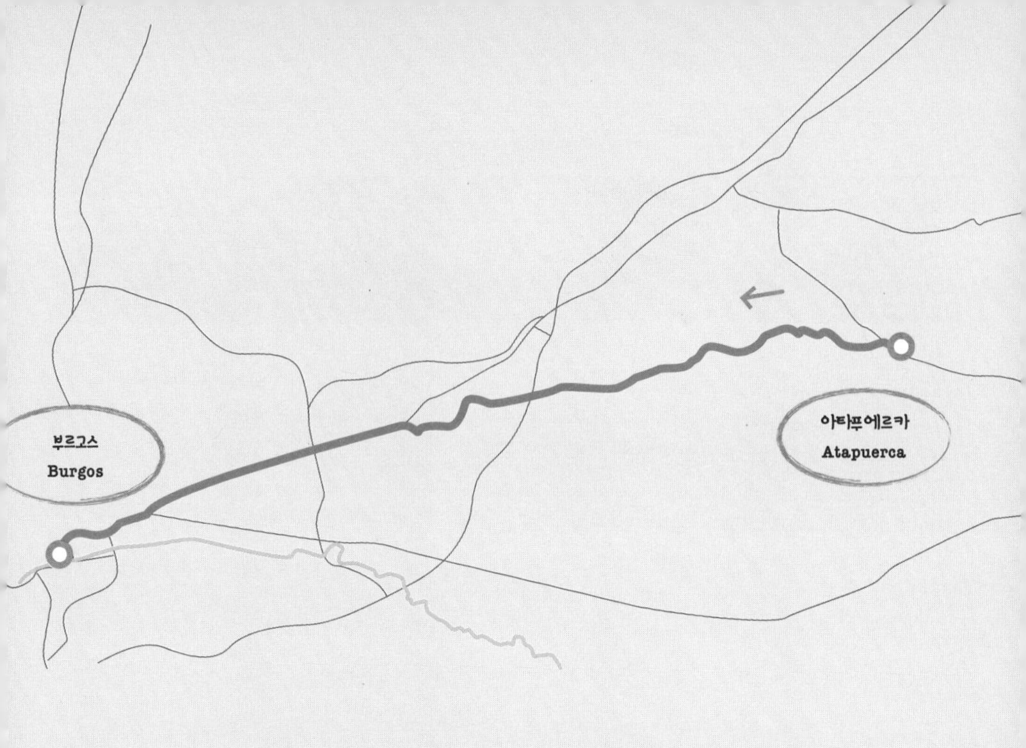

 아타푸에르카 → 부르고스

과식은 초대에 응하는 기본 매너

맑은 색감을 기대했건만 또 헛된 바람이 된다. 겨울 산티아고 카미노는 도무지 아침 햇살을 보여주지 않을 심산이다. 아침 댓바람부터 '하드보일드'한 전개가 이뤄진다. 척척한 겨울비가 쏟아진다. 빨간 우의, 노란 우의, 찢어진 우의를 챙겨 입은 순례자들이 열을 지어 걷기 시작한다. 쌀쌀한 날씨 때문인지 다들 침묵 피정을 하듯 무표정에 대화가 전혀 없다. 혼자 앞장서 산길을 올라가는 문 군, 워낙 험한 경사로의 돌길이어선지 깊은 한숨 뒤 남몰래 푸념이 이어진다.

"문 형, 저만 믿고 올라가세요."

뒤에서 보기에 노장의 힘거운 분투가 안쓰러웠나 보다. 20대 청춘 존과 용규가 번갈아 가며 자전거를 밀어준다. 겁 없이 자비를 베푼 호의는 가상하다. 하나 젊은 혈기만으론 녹록지 않다는 걸 둘은 뼈저리게 느끼고 있다. 불규칙한 호흡이 꼴딱 넘어갈 것처럼 위태로우니까. 거친 돌밭으로 이뤄진 악마의 오프로드 코스는 세 남자를 탈진으로 몰아넣고서야 끝이 난다. 십자가 상에 도착하자 거짓말 같은 안식이 찾아온다. 내려갈 일만 남은 정상에선 모두가 과거의 시련은 잊고 앞으로의 참 평화를 희구하는 성자가 된다.

"다들 나만 믿고 따라와요."

사분사분한 앙헬이 웬일로 의기양양, 폼을 잡는다. 부르고스로 가는 루트에 길잡이로 앞장서겠단다. 카미노에서 처음 만나는 대도시다. 그렇기 때문에 복잡한 길목에서 우왕좌

왕하지 않고 단숨에 공립 알베르게까지 당도하겠다는 포부다. 순례자들은 자기 페이스대로 따로 걸으면서 앙헬을 좇는다. 오전부터 쏟아지는 '나를 믿으라'는 말에서 느껴지는 든든함이란.

하지만 웬걸, 믿었던 그가 길을 잃는다. 엉뚱한 동선을 그려 다시 돌아가야 했다. 미안했는지 착한 앙헬 얼굴이 벌게진다. 그럼에도 눈을 치켜뜨는 이 없다. 함께 걸어오면서 그에 대한 신뢰가 충분히 쌓여있다. 진정성을 알고 있다. 문제를 문제화시켜 더 큰 문제로 만들지 않는 것이 현명하다는 걸 모두 인지하고 있다. 육체가 힘들고 영혼이 고단할 때 듣는 단 한 마디가 깊은 상처가 되기도 하고, 때론 힘찬 격려가 되기도 하는 그런 말의 힘을 체득 중이다.

점심 갓 넘긴 시각에 부르고스Burgos에 입성했다. 뭔가 순례와 어울리지 않는 상태와의 만남이 낯설다. 곧은 직선으론 도무지 갈 수 없게 밀려드는 인파, 빽빽한 차량들이 울리는 클랙슨 소음, 잔기침을 일으키는 매연. 이 도시에서 기대할 수 있는 유일한 것은 익숙한 휴식을 보장하는 다국적 기업 '노란 M'뿐이다. 문 군은 우습다. '슈퍼 사이즈 미Super Size Me'를 통해 인체의 유해성에 대해 격하게 공감했었다. 극한 합리화로 무장한 반환경적 경영과 고도 통제경영에 대한 날 선 비판들을 접했었다. 그럼에도 불구하고 맥도날드화의 결정판인 '스마일 M'을 본능적으로 몹시 반가워하는 모순된 자아가 못나게 우습다.

"맥도날드 갈 필요 없겠어요!"

전화를 받던 앙헬이 낭보를 전해온다. 파블로가 자신과 함께 걸었던 모든 순례자들을 점심 식사에 초대한단다. 문 군은 12년 만에 우승한 기아 타이거즈 우승 때처럼 벅차오른

다. 앙헬 표정도 밝아진다. 아까 길을 헤맨 마음의 짐을 털어낸 것이다. 사실 그 착한 앙헬이 정말 착하다고 할 정도로 파블로의 성정은 이미 검증되어 있었다. 다만 카미노에선 인사치레 덕담이 많기에 헤어질 때 말한 '식사 초대라도 한 번 하겠다'는 말을 문 군은 대충 흘려들었었다. 반면 그는 자신이 한 말을 지키고자 했고, 산티아고의 인연을 허투루 대하지 않으려 했다.

맙소사! 기대를 넘어선 감동이다. 순례 역사상 가장 다채로운 음식이 눈앞에 펼쳐져 있다. 스페인식 순대인 지역 특산 음식 모르시야morcilla, 비프 커틀렛과 감자튀김, 스파게티가 정갈하게 놓이자마자 전광석화 같은 포크질이 이어진다. 이것이 파블로의 아내 헤수스 마리아에 대한 존경심을 담은 식탁 예의다. 문 군은 모르시야의 매력에 흠뻑 빠져 더없이 황홀한 만찬을 만끽한다. 파블로가 흡족해하며 웃는다.

"아직 안 끝났어요. 더 들어요."

초콜릿과 쿠키, 요구르트와 콜라, 포도주와 럼주, 각종 과일들이 연이어 공수된다. 문 군에게 콜라란? 인생의 그윽함에 방점을 찍는 마법의 음료! 럼도, 와인도 그저 꿔다놓은 보릿자루 신세다. 콜라 3캔을 연거푸 들이켜 그간의 마른 갈증을 털어낸다. 단 며칠간의 동행이 이토록 넘실대는 행복을 만들어 낼 줄이야. 예측 불가능한 감동의 콘체르토에 모두 깊은 상념에 젖어든다. 휘어진 상다리에 뜨거운 희열이 있다. 헤수스 마리아의 손끝에 풍성한 인심이 있다. 누구나 쉽게 말하지만 아무나 행동으로 하지 못하는 보석 같은 배려, 앙헬 눈빛이 촉촉한 건 럼주 때문만은 아닐 것이다. 겨울 카미노에 지쳐 그늘진 영혼에 뽀송뽀송한 환희의 빛이 비친다.

부르고스(Burgos)에서 초대해 준 파블로 가족과 함께.

각국의 순례자들은 파일럿이 꿈이라는 딸 엘레나와 아들 미겔과 함께 돌아가며 사진을 찍는다. 뷰파인더를 통해 파블로 가족의 진심과 순례자들의 행복이 고스란히 전해진다. 자녀들은 어쩜 둘 다 부모를 꼭 빼닮았는지 얼굴에 온화함이 가득하다. 찰칵, 언젠가 사무치도록 오늘이 그리워지면 이 사진 한 장이 따뜻이 위로해 줄 것이다.

헤수스 마리아는 그녀의 이름을 닮아 먼저 사랑하고, 더 사랑하고, 끝까지 사랑하나 보다. 식사가 모두 끝났는데도 후에 같이 먹으라며 소시지와 빵, 감자 토르티야와 과일을 정성스레 싸 준다. 그뿐만 아니다. 밤에 알베르게까지 찾아와 다시 한 번 평화로운 순례를 소망하며 한 명 한 명 포근하게 안아 작별 인사를 해준다. 고결한 영혼의 위로 앞에 오랜만에 요동치는 문 군의 심장이다. 가벼운 심경 변화에도 조증으로 방황했던 영혼이 비로소 묵직한 안정을 찾은 느낌이다. 그는 익숙한 향을 맡는다. 엄마 같은 향이다. 더없이 감사한 품이다.

파블로도 아내 못잖은 애정 쇼의 연속이다. 시내 중심가 박물관과 교회 가이드를 맡아 차근히 설명해 주는 것은 물론 등산화가 필요한 이와 인출이 필요한 순례자를 위해 직접 차를 몰고 상점과 은행까지 다녀온다. 부창부수가 따로 없다. 문 군은 그를 통해 자신을 본

다. 제 연약함을 알며, 온전히 사랑하기는 어려우나 마음껏 사랑할 수 있는 가능성을 본다. 파블로 부부의 끝없는 헌신에 순례자들은 이미 감격으로 녹초가 되어 있다.

"우리도 답례해야죠?"

"물론이죠."

당연한 얘기에 당연한 반응이다. 순례자들 중에 따로 한국인들끼리 모였다. 받은 은혜를 표현할 줄 아는 멋진 청춘들이다. 엘레나를 통해 그녀의 어머니가 립스틱을 좋아한다는 사실을 알아냈다. 십시일반 모은 금액으로 보드라운 보랏빛 립스틱을 구입해 카미노에서 아름다운 추억을 안겨준 것에 대한 감사의 마음을 전한다. 깜짝 선물에 그녀가 기뻐 웃고, 파블로가 감사해 하며 웃고, 모여 있는 순례자들도 행복해 하며 웃는다. 밤이 내리고, 부르고스에는 진한 겨울 향기를 머금은 웃음비가 내린다.

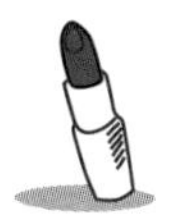

로맨틱한 밀키웨이를 기대했건만 또 헛된 바람이 된다. 겨울 산티아고 카미노는 도무지 별들을 보여줄 심산이 없다. 이슥한 밤에도 나이브한 전개가 계속된다. 주말을 맞아 청춘들이 길거리로 쏟아진다. 빨간 남방, 청색 바지, 핫팬츠를 차려입은 부르고스의 청년들이 짝을 이뤄 연애하기 시작한다. 쌀쌀한 날씨 때문인지 다들 체온 보존을 위해 꼭 껴안고 있고, 사랑의 속삭임은 멈출 줄 모른다. 존과 함께 커플들 사이를 지나는 문 군, 차마 눈 뜨고 볼 수 없는 부러운 장면이어선지 깊은 한숨을 몰아쉬며 숙소로 돌아간다.

찰칵,

언젠가 사무치도록 오늘이 그리워지면

이 사진 한 장이 따뜻이 위로해 줄 것이다.

 부르고스 → 온타나스

가잖아, 다들 떠나가고 있잖아

"정말 미안해, 여기서 멈추게 됐어."

미안함에 차마 시선을 맞추지 못하는 다비드의 한 마디다. 부르고스 대성당 앞, 왁자지껄한 사람들의 부산한 물결 속에서도 그의 말소리는 증폭되어 각인된다. 광장에 모인 순례자들은 어떻게 위로해야 할지 잠시 혼란스러움을 느낀다. 그 위로란 발목 부상으로 더 이상 걸을 수 없게 된 다비드를 향한 것과 앞으로 그와 동행할 기회가 상실된 자신을 향한 것도 포함된다. 취업과 가족 문제로 카미노를 걸었던 그는 사색을 위해 걷는 속도를 조절하며 치열한 20대 고민을 잠시 내려놓고 순례의 향기에 흠뻑 도취되어 있었다.

끝까지 함께하자던 다부진 약속이 깨지는 순간, 산티아고 도착 후 환희의 하이파이브를 나눌 기대가 사라진 것보다 조금 더 곰살궂게 대해주지 못한 아쉬움이 목까지 차오른다. 문 군은 완주를 권유하기엔 그의 의지가 무력하게 꺾여있음을 알아채고 더 이상 동행을 종용할 수 없음에 다가가 그저 가만히 안는다. 따뜻한 체온이 여전하다. 자신을 위해 걸어온 카미노 순례인데도 다른 이들에게 괜히 미안한 그의 진심이 느껴진다. 하루라도 콜라를 마시지 않으면 신경 쇠약에 걸리는 '콜라 애호가'인 그가 코코아를 마실 적에 삶의 고민을 잠시 가리고 마음 편한 웃음을 짓던 '코코아 애호가'인 다비드를 만났을 때가 문득 떠오른다.

단 음료 없는 세상이 무슨 낙이 있겠냐며 목울대를 세웠었다. 식사 테이블에서 한 잔의

와인을 찬양하는 거룩한 진부함보다 좀 더 가볍지만 참을 수 없는 행복을 선사하는 콜라와 코코아의 진가를 알아볼 줄 아는 안목에 서로 감탄하곤 했었다. 누구도 범접할 수 없는 설탕 인생을 무한 찬미하는 동지애가 유대감을 돈독하게 만들었었다. 문 군은 순례 중 두 번만 마신 묵직한 코코아가루 봉지를 그에게 준 것이 유일한 배려인가 싶어 미안함이 짙다. 다비드가 우유에 코코아 분말가루를 타서 부드럽게 저으며 아이처럼 좋아하던 표정이 아직 선하다. 또 먹을수록 찾게 되는 악마의 초콜릿 잼 누텔라nutella에 대해 경의를 표하며 공감에 대한 희열을 느끼던 얼마 전 추억이 벌써 애잔해진다.

숙연해진 순례자들 주위로 아이들은 뭐가 그리 좋은지 광장을 제 집 마당처럼 신 나게 매암을 돈다. 저들도 놀이 안에 정해진 약속대로 움직일 것이다. 약속이 깨진다고 우정까지 깨지진 않을 것이다. 말없이 인파를 구경하는 노인들이 오래도록 벤치를 지킨다. 그들 또한 한낱 순례길의 헤어짐보다 약속되지 않아 더 사무친 이별을 숱하게 경험했을 것이다. 그렇다고 삶마저 고통스럽진 않았을 것이다.

완주라는 동일한 꿈 아래 각기 다른 자신만의 꿈을 그리던 순례자들이 돌아가며 그를 격려한다. 지킬 수 없는 약속의 완성은 훗날을 기약한다. 이 상황이 분명 아프다. 그런데 또한 상처는 받지 않는다. 좋은 사람과 헤어지면 한동안 허탈함을 떨칠 수 없다. 잠시 마음을 가누지 못하는 문제에 직면했을 땐 침묵이 무난한 반응이 된다. 순례자들은 위로 외엔 최대한 말을 아끼고는 다비드에게 안녕을 고하며 하나둘 자신의 길을 떠난다. 그들은 잃어버린 약속을 대신해 어딘가 또 다른 약속의 운명을 찾는 걸 기대하는지도 모른다.

"우리도 호주와 캐나다로 각각 돌아가요. 부엔 카미노!"

ULTREIA

단 며칠이었지만 순례자의 몸과 마음을 돌봐주고 약까지 모두 나누었던 샤론과 페트리스도 안녕을 고한다. 누구에게나 편안하고 잔잔한 웃음을 보낸 매력적인 호주 의사 샤론과 현지어를 익히기 위해 귀를 쫑긋 세우던 캐나다 경찰 페트리스. 지극히 개인주의로 다닐 수 있었던 길에서 잠시 스친 인연을 가벼이 여기지 않고, 다른 이들의 마음에 양약이 되었던 거듭 고마운 커플이다. 게다가…….

"정말 죄송해요. 저도 그만 가봐야겠어요."

이별의 충격은 끝나지 않았다. 이번엔 용규다. '귀요미' 비주얼을 담당하던 그는 입대를 불과 한 달 앞두고 순례에 참여했었다. 젊은 패기를 앞세워 속보를 하겠다는 야심 찬 처음 계획과 달리 순례자들과 우정에 빠지고, 황홀한 스페인 시골 풍경에 빠지고, 급기야 와인의 매력에 첨벙첨벙 빠지더니 그만 페이스가 늦어졌다. 귀국날짜를 맞추기 위해 어쩔 수 없이 버스를 이용해 레온까지 가겠단다. 문 군이 설득에 나선다.

"며칠 뒤 설인데 그때까지라도 함께 보내고 가요. 길에서 명절 혼자 보내기엔 아쉽잖아요. 어떻게든 한국 음식이라도 구해 만들어 볼 테니. 참, 곧 내 생일인데 그럼, 맛난 음식 대접할 테니 그거라도 먹고 가요. 레온까지만 같이 걷고, 그다음에 홀가분하게 떠나요. 이런 인연이 흔하진 않잖아요. 살다가 놓치면 안 되는 순간이 있는데 그게 바로 지금 아닐까요? 음, 아니면 기왕지사 여기까지 나온 거 다신 이런 기회 잡기 쉽지 않을 테니 깔끔하게 완주해도 좋을 것 같아요. 인생 뭐 있나요? 앨빈 토플러가 말했죠. "젊음의 미덕은, 저지르는 데 있다"고요. 보세요, 여기 그대의 동행을 간절히 바라는 순례자들의 표정을. 내가 완전 잘해줄 테니까, 용규 군, 후회하지 말고, 저지릅시다!"

"형님, 정말 저도 여기 순례자들과 깊이 정도 쌓였고, 형 말처럼 걸으면서 계속 감동 중이거든요. 그래서 계속 함께하고 싶어요. 근데 그러기엔 슬프게도 시간이 너무 촉박해요."

문 군은 이후로도 용규의 마음을 돌리기 위해 정에 호소하고, 무리한 공수표를 남발하며, 수가 훤히 보이는 떼까지 써 보았다. 다른 순례자들도 마찬가지다. 짧은 시간이었지만 행복했던 추억을 상기시키며 그에 대한 칭찬을 태산보다 높고, 황하보다 깊게 늘어놓았다. 동시에 수면제를 타겠다느니, 여권을 빼앗겠다느니 하는 귀여운 협박도 이어갔다. 알고 있다. 적적한 겨울 카미노를 걷는 한 사람의 특별함과 귀함을. 다들 카미노 동지를 무던히 챙겨주고 싶은 애틋함이다. 동시에 누군가를 사랑하고, 사랑할 줄 아는 자신 안에 정체성이 여전히 꿈틀대고 있음을 확인하고 있다.

말하지 않아도 통한다. 용규는 15km 더 같이 걸어간다. 그리고 더는 지체할 수 없을 때 뒤돌아서 마지막 이별을 고한다. 찰싹 뺨을 때리는 바람 속에 헤어지며 흔드는 손이 어째서 이렇게 마음을 어지럽히는지. 문 군의 순례가 끝나 있을 때 그는 독도경비대에서 국방의 의무를 다하고 있을 것이다. '독도에 놀러 오면 회 한 번 대접하겠다'는 농담 같은 약속과 '여자 친구랑 꼭 같이 위문 가겠다'는 천지가 개벽해도 불가능한 약속을 하며, 마지막으로 또 한 명 힘없이 보내고야 만다.

부르고스를 멀리 벗어난 걸음, 메세타 지역의 끝없는 겨울 평원은 풍요로운 가면에 속아 문명에 닳고 얼룩진 감정을 새롭게 한다. 참 놀라운 일이다. 한 점 발자국을 황무지에 굳게 새기니 문 군은 자신도 모르게 자아 성찰을 하게 된다. 그는 광대한 모험으로 끌어들이는 대자연의 위엄 앞에 가만히 있어 본다. '남들도 다 그렇다'는 논리로 삶을 기만하

고, '원래 그럴 수밖에 없다'는 핑계로 꿈을 유기했던 참을 수 없는 부덕의 소치들을 곱씹는다.

이곳은 햇빛과 바람이 영혼을 노크해 하늘에 몰래 전해주는 고해성사의 무대가 된다. 네온사인에 가려지고, 허다한 수다에 둘러싸여 좀처럼 꺼내기 힘들었던 내면의 내밀한 위선을 가감 없이 자백하는 후련한 신문고가 된다. 소출을 끝낸 텅 빈 밀밭을 지나다 거두는 기쁨에 앞서 그 전에 뿌리고 가꾼 노고의 촘촘한 시간들이 있었음을 묵상함이 삶을 대하는 태도를 변화시켜 줄 것이다. 이것은 하늘이 정해준 또 하나의 분명한 약속이자 뉘우치는 영혼에 대한 대답이다.

오전 8시에 출발, 32.2km의 긴 평원을 걸어 오후 5시에 도착한 오늘의 목적지 온타나스Hontanas. 너른 개활지가 펼쳐져 있고, 계곡 아래 숨은 풍경이 인상적인 카미노에서 만날 수 있는 가장 작은 규모의 순례자 마을이다. 겨울 시즌엔 문을 굳게 잠근 작은 슈퍼마켓 때문에 알베르게의 부엌 시설은 무용지물이 되고, 폐쇄형 선택지처럼 단 한 곳의 레스토랑에서 무려 9유로짜리 순례자 메뉴가 강요되는 당황스러움만 제외하면 소꿉장난 같은 휴식으로 하루를 앙증맞게 보낼 수 있는 곳이다. 그러나 이보다 더 문 군을 당황하게 하는 건, 아직 이별이 끝나지 않았다는 청천벽력 같은 사실.

"이걸 어쩌나, 자네에게 끝까지 힘이 되겠다는 약속을 지키지 못하겠군그래. 이탈리아로 돌아가게 됐네."

"아니, 무슨 일인데요? 안 돼요, 끝까지 같이 가야죠!"

"허허, 나도 그러고 싶네만, 조르조가 오다가 그만 발목을 삐었지 뭔가. 응급 처치를 하

긴 했는데 더는 걸을 수 없는 상태라 택시를 불렀다네. 그를 돌봐야 할 사람이 필요할뿐더러, 그가 없는데 나 혼자 걷는 게 무의미하잖나. 해서 같이 이탈리아로 돌아가기로 했네."

안젤로에게 뜻밖의 소식을 들은 문 군은 그저 멍하기만 하다. 이번 순례에서 두 노인으로부터 가장 깊은 마음의 위안을 받는 중이다. 또 가장 많이 포옹한 벗이기도 하다. 차라리 자리 털고 일어나면 아무것도 아닐 가벼운 잔기침을 하는 감기였다면 좋으련만. 바에서 쉬고 있던 조르조가 한쪽 발을 절뚝거리며 나오는데 떠나는 이들 모두 어쩜 이렇게 한결같은지. 잘못 없는 그 역시 다비드처럼 괜히 미안한 표정이다.

"문 군, 이것 참 유감이네. 발목이 발목을 잡는구먼."

"당신까지 떠나면 안 되는데. 조르조, 휴식을 취하면 갈 수 있지 않겠어요? 제가 파스 좀 드릴게요."

"괜찮네. 생각보다 통증이 제법 세서 휴식이 필요하거든. 바로 집에 가야 할 거 같아. 산티아고까지 함께 갈 수 없어 나도 무척 아쉽다네."

"두 분의 우정여행은 어쩌고요? 농담이라도 와이프랑 잠시 떨어진 자유가 좋다면서요."

"문 군, 와이프랑 떨어진 자유가 좋아도 와이프 없이는 살 수가 없다네. 솔직히 이젠 아내가 그리운데 어쩌겠나? 그나저나 이제 자네 자전거를 밀어줄 수도 없겠군."

"우리도 자네와 헤어지는 게 섭섭하네. 여기 주소와 연락처를 적어 줄 테니 이탈리아에 오거든 꼭 들르게. 알베르게와는 비교도 안 될 훨씬 편한 휴식을 보장하겠네. 다시 말하지만 꼭 들르게."

두 노장은 앞날을 내다보며 담담히 재회를 말하지만 당장 감당할 수 없는 서운함에 문

군은 눈물샘이 터지기 직전이다. 순례 첫 날부터 함께한 카미노의 '원년멤버' 중 무려 절반 이상이 전열에서 이탈했다. 거짓말처럼 단 하루 만에 말이다.

오히려 국적이 달랐기에, 나이 차가 많이 났기에, 가치관이 달랐기에, 문 군이 마음 놓고 앙탈 부릴 수 있었던 든든한 순례 동지들이었다. 택시가 오자 문 군은 가슴을 진정시킬 새도 없이 재빨리 그들의 짐을 들어 트렁크에 넣는다. 언제 다시 지금 같은 행복을 누릴 수 있을지 막막한 까닭에 마지막 포옹이 코끝을 맵게 만들고, 목덜미를 몹시 뻐근하게 한다. 문을 닫고, 손을 흔들어 떠나보내는 마지막 순간, 다시 한 번 약속한 이별이 심하게 쓰라리다.

우리는 살면서 얼마나 많은 약속을 하고 또 지키며 살아가는지. 꿈을 약속하고, 약속이 꿈을 이루게 하는 준엄한 삶의 무대에서 아이러니하게도 가끔은 지킬 수 없는 약속이 성숙의 자양분이 될 때가 있다. 하나뿐인 스페인 친구를 떠나보낸 앙헬도 마음이 뻥 뚫린 티가 역력하다. 영어가 서툰 까닭에 모국에서 모국어로 대화할 수 없는 난감한 상황에 빠져버렸다. 얕은 회화실력의 문 군이 얼마나 그의 허전함을 채워줄지.

순례자들이 떠난 뒤 알베르게는 싱겅싱겅하기만 하다. 다행히 카미노 치유의 법칙은 여린 마음의 순례자들을 결코 배반하지 않았다. 오랜만에 뉴페이스가 합류한 것이다. 두 명의 네덜란드 청년이다. 파블로까지 총 7명이 나가 허전해진 자리, 문 군은 마음의 눈물을 닦고, 새로운 사건을 기대하며 이층침대에서 양 떼를 세기 시작한다. 관계의 상실에 힘 빠져 있기엔 아직 갈 길이 멀다.

날 선 외로움이 무뎌지는 치명적인 매력

앙헬이 심상찮다. 웃음기가 사라진 건조한 표정이다. 카미노에서 처음 있는 돌발행동이라 같이 걷는 순례자들은 당황스러움과 걱정이 교차한다.

"속도가 좀 더 빨랐으면 좋겠어. 지금은 너무 느려. 이렇게 가다간 30일 만에 도착하려 한 내 계획이 물거품이 돼."

표면적인 이유는 느린 진도 때문이다. 하나 체력적으로 지쳐있고, 이런저런 부상을 달고 있는 순례자들을 배려하며 보폭을 맞춰온 앙헬이다. 그렇기 때문에 문 군은 '홍두깨에 꽃이 피었다'며 속으로 흐뭇했었다. 그런 그가 이제 와 속도를 문제 삼는다는 건 뭔가 개운치 않은 논거가 된다. 더욱이 함께 걷지만 또한 따로 걷는 길의 특성상 속도는 그리 중요하지 않다. 지금껏 헤어짐과 만남을 반복하며 체득한 'All n One'의 가치를 앙헬이 모를 리가 없다.

문 군이 짐작하는 이유는 따로 있다. 날이 선 외로움이다. 다비드가 떠나고 앙헬은 이제 스페인어로 대화 나눌 이가 없다. 아이러니하다. 자기 나라에서 자기 언어로 소통할 수 없다니. 생각을 표현할 언어가 갑자기 사장되니 그에 비례해 교분 쌓기에 적잖은 애로가 생긴다. 결국 홀로 소외된다는 생각에 두려웠던 것이리라. 가끔 문 군이 그를 위로해보지만 그의 스페인어 실력은 편의점 삼각김밥 수준일 뿐이다. 정형화된 단어의 조합은 단편적이라 텁텁하고, 카미노를 더욱 감질나게 만들 깊은 사유의 맛이 없어 지속적인 대화를 음

미하기가 힘들다.

오늘, 우는 영혼이 한 명 더 있다. 진이 닭똥 같은 눈물을 감추지 못한다. 열아홉, 소녀에서 숙녀로 가는 길목에 맞닥뜨린 산티아고 길은 생각보다 험난한 것이었다. 약한 체력 탓에 뒤처지기를 다반사, 그러다 보면 그녀 역시 본의 아니게 소외되게 된다. 사실 길을 걸으며 홀로 묵상에 잠길 수 있는 자발적 소외 그 자체가 카미노의 핵심가치다. 그러나 무리에 끼지 않으면 불안해지고 마는 현대사회의 통속적 자아는 낯선 곳에서 혼자가 되는 것이 쓸쓸하고, 막연하기만 하다.

발랄함은 사라지고, 발걸음은 더욱 무거워진 진. 눈시울이 붉어지고, 추위에 볼까지 빨개진 그녀의 복잡한 머릿속을 헤집는 건 무리수다. 논리가 아닌 감성으로 다가가야 함을 아는 문 군이 어깨를 토닥거리지만 그때뿐이다. 이유 없이 허무하고, 괜히 서러울 때 잘 듣는 위로의 매뉴얼을 발견하는 건 감기 치료만큼이나 인류의 오랜 난제다. 그녀의 오늘은 어떻게 회복될 수 있을까? 인류는 오랜 세월 스스로 해결할 수 없는 사연에 대해 그저 하늘의 뜻을 갈구해왔다. 그래서 지금 문 군도, 앙헬도, 진도 모두 하늘 아래 침묵을 택한다.

잠시 후 전혀 새로운 걸음이 펼쳐졌다. 이전까진 감히 상상도 할 수 없는 생경한 장면이다. 앙헬과 진이 동행하고 있는 것이다. 놀란 문 군은 하마터면 소리를 지를 뻔했다. 산티아고 순례가 시작된 후 오롯한 둘만의 조합은 2주 동안 처음 있는 일이다. 언어의 장벽 때문에 금방 풀어질 줄 알았던 둘의 관계는 시간이 지날수록 더욱 단단히 매듭지어져 가고 있었다. 숙설숙설한지 10분, 30분, 1시간, 2시간, 제법 오래 간다. 떨어질 기미가 안 보인다.

그러고 보니 우연찮게도 오늘 상처 입은 두 영혼의 만남이다. 멀찌감치 떨어져 가는 둘에게서 믿을 수 없게도 웃음소리가 들린다. 오전까지만 해도 기대할 수 없었던 반전이다. 동질감을 느꼈던 것일까? 둘은 서로에게서 회복의 실마리를 찾고 있다. 급기야 둘의 동행은 알베르게에 당도할 때까지 누구의 간섭도 없이 자유롭고도 은밀하게 지속된다. 같이 걷는 동안 둘이 어떤 교감을 나눴는지, 어떻게 마음이 치유되었는지 아무도 알지 못한다. 어쩌면 산티아고 길은 답을 찾아주는 대신 문제 자체를 사라지게 했는지도 모른다. 이것이 카미노의 치명적인 치유의 매력이다.

산티아고가 주는 선물 중 하나는 떠나는 순례자의 자리에 반드시 새로운 누군가를 데리고 온다는 것. 네덜란드 출신의 슈흐트와 조셉은 대학 공부를 마치고 자유로운 발걸음을 옮기는 중이다. 28일 만에 이 길을 완주할 계획으로 현재 11일차란다. 쭉 뻗은 다리와 슬림한 몸매, 짐승 같은 체력을 겸비한 우월한 신체조건 덕분에 문 군보다 일정을 짧게 가져간다.

"평화, 자유, 자연스러움!"

"그게 슈흐트 네 여행 목적이야?"

"그렇지, 이것들을 즐기는 거야. 즐기지 않으면 왜 여행이겠어?"

"그럼 네가 즐기는 방법이 어떤 건데?"

"독서. 내겐 독서가 가장 흥미로운 놀이야. 여행하면서 책 읽는 것만큼 환상적인 건 없지. 봐, 얼마나 평화롭고, 자유로우며, 자연스러운가를!"

실제로 둘은 다른 하는 일 없이 책만 붙들고 침대에서 꿈쩍도 하지 않고 있다. 하루 일

책벌레 슈흐트와 조셉.

정을 마친 그들에겐 새로운 이들과의 수다도, 바에서 즐기는 시원한 맥주도, 책보다 우선순위가 될 수 없다. 다른 것들은 걷는 시간에 누리고, 휴식 땐 독서의 감흥에만 젖어든다. 역사학을 전공한 슈흐트와 생물학을 전공한 조셉 모두 전공 분야에 대한 타는 듯한 갈증이 있어 더 넓게 공부하려 한단다.

"전공 공부를 위해 관련된 책만 연구하는 건 현명하지 않다고 봐. 모든 학문은 서로 연결되어 있으니 두루두루 이해해야 하지 않겠어? 난 역사 전공이고, 조셉은 생물 전공이지만 둘이 대화하면 통하는 게 많더라고. 둘 다 분야를 가리지 않는 잡식성 책벌레들이라서 말이야.

책이란 누군가의 사상이자 인생이잖아? 그러니까 저자와 대화하는 거랑 별반 다를 게 없어. 그 세계는 정말 놀라워. 책을 읽다가 그다지 관련 없을 것 같은 두 분야의 연결점을 찾았을 때나 미처 몰랐던 사실을 알게 되었을 때 느끼는 희열감은 정말 짜릿하지. 생각해 봐, 모르고 죽는 것만큼 억울한 게 또 어디 있겠어?"

위편삼절韋編三絶을 몸소 실천 중인 슈흐트의 책에 대한 사랑은 검질기기만 하다. 그는

책을 통해 자신을 만나고, 세상을 만나고 있다. 읽고 싶은 책을 한 보따리 쌓아두고, 늘어지게 활자에 중독되어 보는 낙, 문 군이 가끔 꿈꾸며 열망하는 것을 누군가는 이미 그렇게 하고 있었다. 그 당당한 여유가 문 군은 참으로 부럽기만 하다. 한창 마음의 양식을 섭취하던 두 네덜란드 청년은 저녁 먹을 때가 되어서야 비로소 책을 덮는다. 이들에게 저녁 식사는 밤에 다시 독서에 탐닉하기 위한 든든한 에너지를 섭취하는 과정이다. 식사 때까지 책을 챙겨와 책 얘기를 하는 걸 보니.

저마다 합당한 이유와 철학을 가지고 걷는 겨울 카미노. 가눌 수 없는 육체적 한계에 심사가 뒤틀리고, 순례를 통해 기대한 환상이 깨져 상처받을 때도 있다. 그러나 마음을 도슬러 걷는 순간 한나절 품은 불평은 무의미해지고 불만은 연기처럼 사라진다. 길과 걸음의 단순한 조합에서 삿된 마음과 소인배의 번뇌가 사라진다. 저녁 식사 시간, 언제 그랬냐는 듯 활짝 꽃미소가 핀 지어지선止於至善의 대명사 앙헬과 열아홉 말괄량이 진의 얼굴을 보며 오전 일을 기억하는 순례자는 아무도 없었다.

 온타나스 → 이테로

I say "HAPPY", You say "NEW YEAR"

차갑고 음울한 바람이 순례자의 발길을 멈춰 세운다. 문 군은 낡고, 초라한 변방의 마을에 유숙하기로 한다. 비싸지도 저렴하지도 않은 8유로의 적당한 요금을 부과하는 이테로Itero 알베르게. 인터넷 와이파이를 사용할 수 있는 대신 부엌 사용은 불가하단다. 겨울이라 해 질 녘 추위와 바람을 뚫고 다음 숙소까지 가기엔 곤혹스러운 상황이다.

배꼽시계가 울린다. 고단한 걸음을 위로하고 소박한 기쁨을 주는 저녁 식사는 순례자에겐 하루 중 가장 경건한 의식이다. 그러나 문 군 표정은 밍밍하다. 배보다 배꼽이 더 큰 9유로짜리 순례자 메뉴를 시켜야 할지 굶어야 할지 폐쇄형 질문 앞에 놓여있는 까닭이다.

"유감스럽게도 이 마을엔 슈퍼마켓이 없어요. 어차피 선택은 하나밖에 못 합니다. 여기에 레스토랑도 겸해 있으니 그냥 순례자 메뉴를 드시는 게 어떨지요?"

주인장은 선택의 여지가 없는 그를 위로하는 척 상냥하게 독촉한다. 먼저 도착한 다른 순례자들은 현실에 차분히 순응한다. 날씨도 궂은데 식사 때문에 기분을 그르치기는 싫은 모양이다. 그러나 오늘만큼은 등가교환을 통한 식탁보다 손맛이 녹아든, 모락모락 김이 나는, 함께 즐기며 들 풍성한 밥상을 문 군은 간절히 꿈꾼다.

마을의 28호 집. 똑똑, 문 군이 노크한다. 중년의 여성이 빼꼼히 얼굴을 내민다.

"무슨 일이신가요?"

"안녕하세요? 지나가는 순례자입니다. 오늘 이 마을 알베르게에서 묵게 되었는데 부탁

우리는 밤마다 너희들을 센단다.

여행 중일까, 퇴근 중일까.

하나 청해도 될까 해서요."

"그러세요, 어떤 부탁인데요?"

시선에 거부감이 없는 여자의 얼굴을 보니 예감이 좋다. 문 군은 너무 진중하지 않게, 그렇다고 촐싹대지도 않게 적당히 들뜬 어투로 상황을 설명한다.

"저녁 시간에 댁의 부엌을 사용할 수 있나 해서요. 오늘 한국에서 온 순례자들에겐 특별한 날인데 알베르게에 부엌이 없어 요리할 수가 없거든요. 대신 저녁 식사에 아주머니의 가족 모두 함께하는 것은 물론이고요, 설거지 및 뒷정리도 깔끔하게 해 놓겠습니다."

"문제 될 게 있나요? 물론이지요, 그렇게 하세요."

"아주머니, 정말 감사합니다!"

엘레나, 그녀가 순례자의 갑작스럽고도 난처할 수 있는 요청을 온화하게 받아준다. 거듭 감사 인사를 하는 문 군은 어서 이 소식을 다른 순례자들에게 알릴 생각에 희희낙락이다. 그가 이렇게까지 부탁을 하는 이유는 다름 아닌 오늘이 바로 음력설이기 때문이다. 가능하면 음력설만큼은 따뜻한 한국 음식을 나눴으면 하고 바라던 터다. 그간 줄기차게 밀가루 음식만 먹고 다닌 탓에 몸도 마음도 지쳐 있어 신선한 음식이 필요했다.

손이 많이 가고, 오랜 시간을 요하는 음식 메뉴를 거침없이 고른다. 바빠진 주방은 끓이고 지지고 볶는 열기로 후끈하다. 오늘 저녁에 구세주가 납셨다. 같이 걷는 재희가 셰프를, 진이 보조를 자청한다. 부실한 재료로 요리가 열악할 수밖에 없다. 그럼에도 둘은 개의치 않고 묵묵히 주방 살림꾼이 된다. 뒤에서 엘레나가 보고 있다. 그녀는 필요한 주방기구나 양념이 있으면 귀신같이 알아내 보조를 해준다. 주부 9단의 위엄이다. 재희는 고향

생각을 떠올리게 해줄 감자전과 호박전에 승부수를 띄운다. 메인은 볶음밥인데 재료를 감안하면 최악의 상황에서 최선의 성과를 올린 셈이다.

한국 명절이지만 저녁 식사를 고대하던 다국적 순례자들이 상기된 표정을 숨기지 않으며 찾아왔다. 손엔 이 밤을 즐길 레드와인 3병이 들려있다. 질풍노도의 시기를 통과 중인 엘레나의 두 아들 카를로스와 다비드도 함께 자리했다.

"Happy new year n Buen Camino!"

와인잔 부딪히는 소리가 식사 시작을 알린다. 아삭하게 씹히는 감자전과 호박전은 오늘 같은 날, 더없이 탁월한 메뉴가 된다. 두 시간 넘게 정성 들여 만든 음식은 단 20여 분 만에 감쪽같이 사라진다. 누가 시키지도 않았다. 매일 걷는 것도 힘들다. 그런데도 동료 순례자들을 위해 기꺼이 상차림을 준비하는 것은 차라리 거룩한 용기다. 무엇보다 한국 음식을 접하고 포도주로 입가심하며 얼굴이 빨개진 대머리 앙헬의 행복한 미소가 모두를 편안하게 한다.

간만에 포식이다. 스페인 복판에서 전을 부쳐 먹을 줄 누가 상상이나 했을까. 명절을 핑계로 한국 음식을 들고, 도담도담 나누는 이야기에 밤 깊은 줄 모른다. 두 숙녀의 정성에 답례하는 길은 깨끗이 접시를 비우는 일과 설거지다. 기름기 흥건한 접시를 닦는 일은 문군이 자원한다. 오늘 저녁은 그가 생각하는 대로 이루어졌다. 맛있어서 행복하고, 행복해서 맛있다. 이것이야말로 순례에서 느낄 수 있는 황홀한 감사다.

"남편은 지금 아르메니아에 있어요. 장거리 트럭 운전사라 한 달에 고작 이틀 정도만 집에 들어오지요. 그래서 남편이 들어올 때마다 한 상 가득 차려 맛있게 먹으면 그것만 한

행복이 없어요. 세뇨르 문이 그러던데 한국도 명절 때면 가족이 모두 모인다면서요? 오늘은 모처럼 집안이 북적거리니 꼭 명절 같아 좋네요."

형 카를로스는 엄마 이야기가 끝나기를 기다렸다가 순례자들에게 뭔가 보여주겠다며 제 방으로 이끈다.

"제 우상이 이소룡이에요!"

쌍절곤 시범이다. 휘두르는 자세가 제법이다. 유투브 영상을 통해 짬짬이 배웠단다. 카레이서를 꿈꾸는 형 카를로스나 모터사이클 타는 걸 좋아하는 동생 다비드 모두 스포츠광이다. 컴퓨터엔 세련된 디자인의 차와 오토바이 사진이 가득하다. 자기 것도 아니면서 제품에 대한 자랑을 늘어놓는다. 기계치인 문 군은 상황 봐가며 눈치껏 맞장구를 쳐준다. 그럴 때마다 카를로스는 침을 튀기며 설명한다. 둘 다 공부엔 취미가 없다고 당당하게 말한다. 엘레나도 크게 개의치 않는다.

식사 후 티타임 시간에 엘레나와 카를로스가 담배를 태운다. 모자간의 맞담배라니 문 군에겐 생소한 문화다.

"넌 안 피우니?"

"아직 열여섯이거든요. 형은 열여덟이라 담배를 피워도 상관없지만 아직 난 안 돼요. 더 있어야 해요. 엄마도 허락하지 않고요."

"아직은 안 될 일이에요. 지킬 건 지켜야 해요."

엘레나도 단호한 태도다. 아무리 자율성을 강조하고, 누구도 간섭할 수 없는 개인의 영역이라지만 담배를 피우는 것만큼은 어른으로서 엄격하게 제한한다. 열여덟과 열여섯의 차이란 이리도 큰 것이다.

여러 손님을 맞이한 엘레나의 호의와 재희의 노고에 순례자들은 고맙다며 인사를 나눈다. 다시 찬바람을 가르며 알베르게로 돌아오는 길. 난방시설이 되어 있지 않은 이곳은 지금까지 여정 중에 가장 추운 숙소라 쉬이 잠을 이룰 수 없다. 그래도 왠인지 마음만은 온기로 가득하다. 문 군은 설이라 가족과 고향 생각나는 그리움을 굳이 밀어내지 않고, 오늘만은 침낭 안에 품어 함께 가지고 가기로 한다. 앙헬도 오늘은 고향 생각이 날까?

다시 찬바람을 가르며 알베르게로 돌아오는 길.

난방시설이 되어 있지 않은 이곳은

지금까지 여정 중에 가장 추운 숙소라 쉬이 잠을 이룰 수 없다.

그래도 왜인지 마음만은 온기로 가득하다.

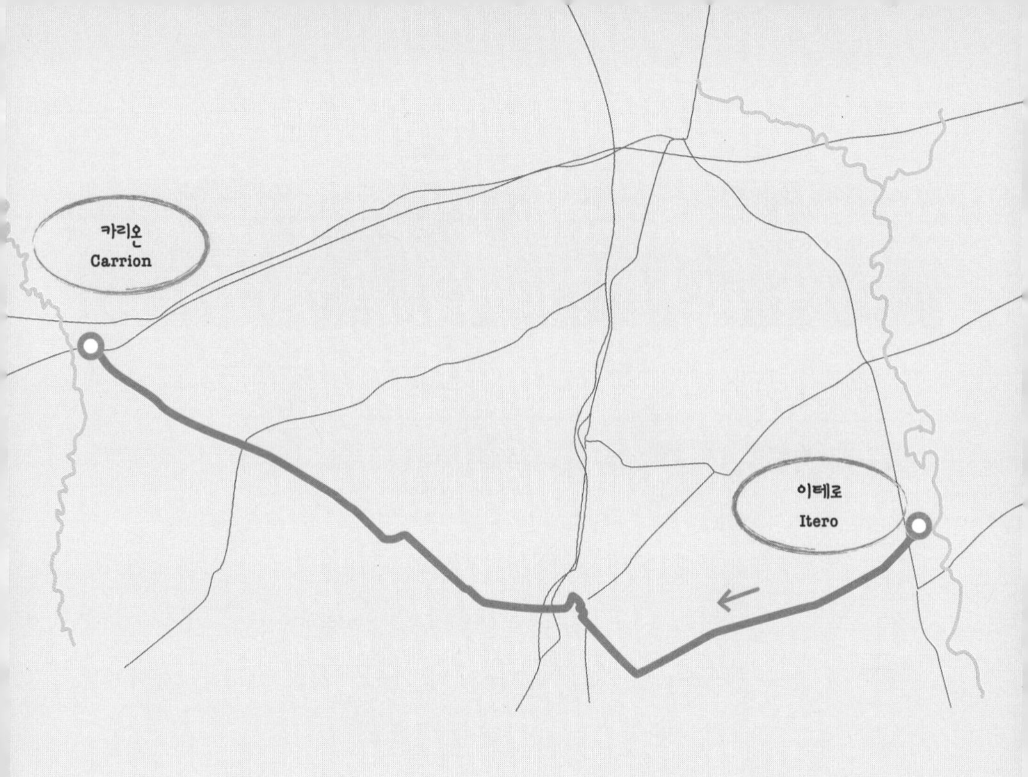

이테로 → 카리온

운명론자의 명쾌한 논리 '때마침'

길, 참 좋다. 벌겋게 하품하며 기지개 펴는 동트는 따사로움이 좋다. 비교와 경쟁, 야망과 질투로 삶을 구속하던 머릿속 번잡한 생각을 내려놓고, 눈에 피로를 주지 않는 더없이 목가적이고 평화로운 겨울 들녘의 빈 풍경이 또 좋다. 저만치 앞선 그림자를 조용히 따라가며 괜히 싱글싱글 웃는, 상쾌한 아침 도보 길이 문 군은 정말 좋다.

스페인어로 '나다nada'는 '무無'를 말한다. '나는 나다'란 말장난이 이처럼 잘 어울리는 곳이 없다. 아무것도 없는 대지 한가운데 서서 존재의 가치를 포효하는 순례자의 격한 침묵을 하늘은 조용히 지켜볼 따름이다. 그러다 문득 나를 나로 만들어주는 이성과 감정이 그저 에너지 자극에 반응하는 물질작용에 불과하다면 그건 두렵게도 나 자신이 허상이라고 하는 '무'일지 모른다고 문 군은 생각한다. 생명이 영혼을 가진 독립적 주체가 아니라는 유물론자의 말처럼 태어난 순간부터 자의식 없이 그저 대뇌피질의 활성화로 움직이다 결국은 소멸하고 마는 세밀하고 복잡한 전기회로로 고안되어 있다면, 나는 무엇일까? 그렇다면, 영혼이 존재하지 않는다면 삶의 의미는 무엇일까, 또 그렇다면 허무하고 슬픈 일이지 않을까, 문 군은 그렇지 않을 거라 믿고 싶으면서도 나라는 존재에 대해 고민에 빠져본다. 건설적인 고민으로 더 가치 있는 생애이길 바라면서.

'산티아고 순례는 세상의 번뇌로부터 해방시켜주는 동시에 존재에 대한 고민을 심어주는군.'

아침을 간단하게 롤링 빵 한 조각으로 때우고, 점심은 초콜릿 반 조각으로 허기를 속인다. 순례자란 역할 행동에는 항상 배고픔이 당위성을 띠기 마련이다. 역사적으로 신성한 종교는 절제와 나눔을, 타락한 종교는 쾌락과 사치를 향유해 왔다. 혹 절제와 나눔이 허례로 점철된 은근한 과시로 드러나진 않는지 문 군은 자신을 점검한다. 그에겐 신에게 구하는 용서와 침묵이 최선의 반성이다.

카리온Carrion으로 가는 길엔 작은 강이 있어 마음이 트인다. 따지고 보면 물 덩어리인 육체가 물을 보면 익숙하고 포근한 느낌을 갖는 것이 당연한 일이다. 잠시 숨을 고른 뒤 오후 여정을 출발한다. 그때 사소한 문제가 발생했다. 자전거 타이어 끝단이 마모되면서 튜브가 튀어나온 것이다. 문 군은 새 튜브로 갈아 끼우고 가던 걸음을 재촉한다.

하지만 곧 두 번째 시련이 닥쳤다. 튜브가 또 말썽을 피운 것이다. 한쪽이 삐죽 부풀어 나와 있었다. 타이어 문제다. 이래봬도 마니아 사이에서 성능이 검증된 독일제 슈발베 마라톤 타이어다. 문 군은 값비싼 고급 타이어에 대한 배신감에 뒷목을 잡는다. 구멍이 난 것이라면 간단히 수리하겠지만 타이어 문제는 얘기가 다르다. 여분 타이어도 없다. 다음 도시까지 옴짝달싹 발이 묶이게 생겼다.

"짐 주세요. 들어드리죠."

또 한 번 천사들이 나타나는 순간이다. 순례가 일상이고 일상이 순례다. 순례길의 순례자들에겐 난처한 상황에 직면한 순례 동지의 짐을 들어주는 게 몹시 상식적이다. 처음 사랑을 주고도 계속, 더, 끝까지 주는 순례자의 마음, 마치 예수의 21세기적 환영을 보는 느낌이다. 남녀 할 것 없이 자신이 감당할 만큼 짐을 나눠 든다. 다들 자신의 배낭에 문 군의

짐까지 더해 걸으려니 그나마 휴식 때 재잘대던 말 수가 없어진다. 만신창이가 된 자전거를 어깨에 멘 문 군은 자신처럼 축 처진 어깨에 무거운 발을 끌고 가는 그들의 뒷모습에 뜨거운 뭔가가 차오르며 목이 멘다. 수십 번 넘게 고맙고 미안하다. 그들은 말한다.

"우린 괜찮아요. 필요한 이에게 도움은 당연한 걸요."

그들이 '때마침' 이곳에 있지 않았다면 문 군은 감당할 수 없는 이런 대참사에 넋 놓고 주저앉아 버렸을지 모른다.

하나 힘겹게 도착한 중간 기착지 프로미스 마을에서 날벼락 같은 소리를 듣는다. 소읍이라 이곳엔 자전거 상점이 없단다. 다시 한 번 닥친 위기, 그러나 작은 기적은 또 일어나고야 만다. 근처에서 공사 일을 하던 루이스가 '때마침' 자재를 나르러 가야 한다며 카리온까지 차를 태워주겠단다. 어쩜 최악의 상황에서도 최선의 것들이 이렇게 톱니바퀴 맞물리듯 순탄하게 풀리는 걸까. 문 군은 딱 감당할 만큼의 시련을 주는 하늘에 감사한다.

순례자들은 모처럼 만난 기회를 놓치지 않는다. 루이스의 배려로 다들 짐칸에 시원하게 배낭을 벗어 던진다. 오래간만에 가벼운 차림으로 순례를 만끽하겠단다. 문 군과 그를 돕기로 한 진이 순례자들의 배낭을 숙소까지 책임지기로 한다. 둘은 카리온에 도착해 루이스에게 감사의 인사를 전한 뒤 바로 자전거 가게에 들렀다. '때마침' 점심 식사를 마치고 돌아오는 길이다. 만약 시간을 잘못 맞췄다면 시에스타로 인해 몇 시간을 의미 없이 허비할 뻔했다. 짐 무게를 견디지 못하고 계속 말썽을 일으키는 휠을 교체하기에는 90유로에 이르는 비용이 부담스럽다. 결국 3분의 1 가격에 타이어와 튜브를 교체하고, 스포크를 손본다.

일찌감치 찾아간 저렴한 공립 알베르게는 온수 샤워에 빨래까지 가능해서 오늘 고생한 것에 대한 보답인 것 같아 썩 만족스럽다. 저녁은 삼삼오오 모여 참치, 소시지, 치즈, 양파를 버무려 속을 만든 샌드위치로 만찬을 즐긴다. 입가심을 위한 상큼한 오렌지 후식은 덤이다. 자전거 문제로 골치 아팠던 하루가 고난을 함께 진 순례자들의 배려 덕에 감사로 매조지 된다. 고맙다는 한마디 말로는 채워지지 않는 아쉬움이 있다. 해서 그들을 향한 무한한 축복을 소망하는 동시에 언제고 자신에게도 빚을 갚을 기회가 찾아오기를 문 군은 기대한다.

숙소가 활기차다. 또다시 새로운 동지들이 보인다. 늦게 움직인 탓에 속도 빠른 순례자들이 따라잡은 것이다. 게다가 부르고스부터 출발했다는 상큼 발랄한 여자 순례자들도 눈에 띈다. 새로움은 그게 무엇이든 언제나 긴장과 함께 들뜨게 만드는 매력이 있다. 문 군은 '새로운 이들의 새로운 생각을 들어볼 좋은 기회다'를 핑계 삼아 남자로서 신이 주신 본능에 점잖게 순종하기로 한다. '때마침' 그녀가 혼자 독서하고 있었으므로.

"와, 안녕하세요. 정말 놀랍군요!"

"네, 안녕하세요. 그런데 무슨 일이죠?"

"고달프기 짝이 없는 산티아고 길에 이렇게 아리따운 순례자를 만나다니요, 믿을 수가 없어요!"

"호호, 칭찬인가요? 고마워요."

"정말이지 저로서는 영광입니다. 그나저나 밤이 늦어 시끄러울 테니 대화하긴 그렇고, 괜찮다면 내일 저랑 함께 걸을까요?"

문 군의 거침없는 프러포즈다. 그는 내일 이 친구 옆 동행자는 반드시 자기여야 한다는 운명론에 심취되어 있다. 왜냐하면 주변엔 온통 명명백백한 오징어 외계인 같은 남자들만 득실대는 짓궂은 환경이기 때문이다. 청아한 핀란드의 겨울 호수를 닮은 깊고 그윽한 눈과 시원한 웃음이 매력적인 전형적인 스페인 미인이다. 그녀가 문 군을 바라본다.

"저, 죄송한데 일행이 있어서요. 저기 저 여자애랑 같이 왔거든요."

"아……."

낮은 탄식이 새어나온다. 문 군은 그녀가 눈짓으로 가리키는 이를 보고는 대답 대신 고개만 끄덕인다. 쿨한 척 동의하지만 오를 수 없는 나무를 감히 쳐다본 대역죄인이 된 마냥 얼굴이 화끈거리고 진정되지 않는다. 그녀가 눈치챈 걸까. 슬쩍 웃는다. 그리고 이어진 답.

"좋아요! 그렇게 해요. 재 어차피 속도 빨라서 같이 걷진 않거든요."

문 군은 무리해서 꼭 자기와 같이 갈 필요는 없다며 짐짓 손사래를 치지만 누가 봐도 저질 삼류 연기다. 그의 머릿속은 어려울 때 짐을 들어준 카미노 길벗들에 대한 고마움은 어느새 깨끗이 포맷되고, 내일을 향한 새로운 설렘으로 너울거리기 시작한다.

'야고보는 성인, 나는 속인, 신의 영광만 가리지 않는다면 그저 있는 모습 그대로 정직한 것이 최선.'

고난 뒤의 축복이야말로 형언할 수 없는 신의 아름다운 섭리다. 문 군은 어느 때보다 신의 은총을 세밀하게 느끼며 '룰루랄라' 취침 양치하러 화장실로 향했다. 그러고는 무심코 바라본 거울 속에 웬 꼴뚜기가 서 있느냐며 화들짝 놀랐다.

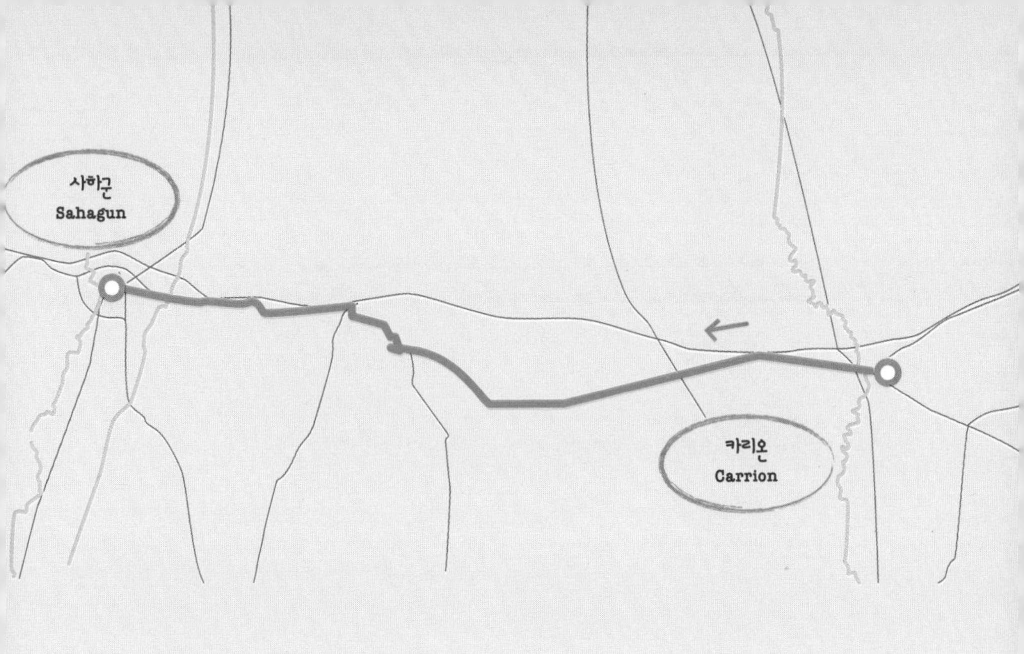

 카리온 → 사하군

생양파를 먹지 않고 고생을 논하지 말라

"만약 스페인이 월드컵에서 우승한다면 산티아고 순례길을 걷겠다고 약속했어. 조금 비관적으로 예상했는데 어쩌다 보니 그렇게 됐고, 마침내 시간이 되어 이 길을 걷는 중이야. 월드컵 우승은 핑계였는데 우연처럼 맞아 떨어지니 사람 심리가 그렇잖아. 꼭 가야 할 것 같은 어떤 느낌말이지. 사실 나도 내가 왜 이 길 위에 있는지 모르겠어. 남들 가니깐 나도 가볼까 하는 무작정인 면이 있기도 하고. 하지만 내가 무언가를 필요로 하고 있다는 것만은 확실해. 그걸 발견하고 싶어."

산드라Sandra, 스물여덟의 그녀는 스페인 월드컵 우승을 순례의 정당성으로 부여했다. 하지만 꼭 그것이 아니더라도 다른 우연을 운명적 믿음으로 엮어 계기를 마련했을 것이다. 부르고스에 살아 그곳에서부터 출발한 그녀는 자신의 삶에 공허함을 느끼고 있다고 고백한다.

"요즘은 그냥 일하는 로봇 같은 느낌이야. 도무지 희망이 보이질 않아. 언제까지 사무실에 틀어박혀 일만 해야 하는지. 그러다 보니 연애도 소홀해지고 결혼 생각도 아직은 없어. 확실치 않은 내 미래를 남자친구에게 부담 지우고 싶진 않거든. 사랑이 가장 중요하겠지만 또 언제 변할지 모르는 게 사랑이잖아. 그래서 사랑 하나만 보고 불확실성으로 도박하고 싶지는 않아."

"남자친구가 안정적이기를 바라는 거니?"

“아니지, 그 반대야. 내가 안정적이었으면 해. 급여에 대한 부분도 사실 중요하지. 지금 스페인 전체가 곤두박질치는 경제 때문에 난리니까. 청년들도 일자리가 없어 다들 힘들어하고. 근데 난 그보다 정서적 만족을 얻는 일을 하고 싶어.”

“이를테면?”

“제3세계 아이들에게 관심이 많거든. 교육 쪽. 근데 선생님이 되는 것보다 수업을 개발하는 것에 흥미를 느껴. 어떻게 하면 아이들에게 보다 양질의 교육을 제공할 수 있을까 그런 생각을 많이 해. 아이들에게 주는 기쁨이 나에게도 그대로 돌아오거든.”

“난 가르치는 재능이 없어서 교육 관련은 일찌감치 포기했어. 내 능력을 이미 간파한 탁월한 선택이었지. 가르치는 게 배우는 거라고들 하는데 산드라 넌 훌륭한 교육 개발자가 될 수 있을 거야.”

“고마워. 기회가 된다면 언젠가는 가까운 아프리카나 스페인어권인 남미에 가고 싶어. 그곳에서 내가 개발한 교육 프로그램으로 애들을 가르쳐보는 게 꿈이야. 그게 현실적으

로 가능한지, 가능하다면 익숙한 삶의 패턴을 과감히 바꾸어야 하는지 생각해 보려고."

문 군과 산드라의 대화는 오랫동안 제3세계에 초점이 맞춰지고 있다. 경험이 있는 그와 상상력을 동원한 그녀는 카미노에서 최대한의 추진력을 얻어 시선을 멀리 내다보고 있다. 문 군은 언젠가 아프리카 말라위 호수의 아무도 주목하지 않는 작은 섬에 학교 하나를 세워 마을 전체를 변화시킨 벨기에 출신의 자원봉사자 조세 아줌마를 만난 적이 있다. 그녀의 새로운 도전엔 특별한 기술이나 막대한 자금이 필요하지 않았다. 그저 아이들을 아끼는 진실한 마음 하나로 마을 사람들과 함께 학교를 세웠다. 그 관계는 지금까지도 이어져 리더십을 점진적으로 이양해 가며 그곳의 유일한 이방인으로 정착해 살고 있다.

그는 이미 그러한 전례를 바탕으로 산드라 역시 충분히 해낼 수 있다고 긍정한다. 사람의 꿈을 꺾는 것은 환경이 아니다. 변해버린 초심이다. 환경 탓을 했다면 말라위 호수 작은 섬에 기적은 일어나지 않았을 것이다.

그녀의 친구 나탈리아가 중간에 합류하고, 문 군은 자연스레 자리를 내어주며 또 다른 스페인 순례자 사비Xavi와 동행한다. 헬스로 다져진 근육질의 그는 듬직한 체구에서 뿜어져 나오는 활기찬 에너지로 성큼성큼 큰 걸음으로 걸어간다. 그도 새로운 한국인 순례자를 반가이 맞이하며 서로에 대한 궁금함을 묻고 산티아고 길에 관한 시시콜콜한 대화를 주고받는다.

"에너지가 넘치니 다른 순례자들보다 걷는 게 훨씬 쉬워 보이는군. 스포츠로 도전하는 거야? 아니면 뭔가 사색하기 위해서?"

"아니, 실은 집안 문제 때문에 머리 좀 식히러 나왔어. 동생 때문에 마음이 편치 않거든."

"말썽부리는 거니?"

문 군의 질문에 그는 잠시 멋쩍게 웃다가 축 처진 톤으로 답한다.

"차라리 그랬으면 좋겠어. 다름이 아니라 동생이 요즘 많이 힘들어 해. 정신지체가 있거든."

뜻밖의 대답이다. 문 군은 가볍게 던진 질문이 미안하다.

"아냐, 괜찮아. 다만 지금까진 내가 일하면서 틈틈이 동생을 돌봤는데 이제 나도 독립을 해야 하고, 언제까지 부모님께서 뒷바라지해줄 수는 없잖아. 어떻게 해야 할지 모르겠어. 결혼하면 같이 살 수도 없을 텐데."

사비의 바람은 다른 것에 있지 않다. '가족', '건강', 이 두 단어의 조화가 그의 간절함이다. 모두 자신의 앞날에 대해 골몰하고 있는 이 길에서 그는 유일하게 다른 이의 내일을 더 염두에 두고 있다. 혈육에 대한 애틋함은 파란 눈의 청년에게도 동일하게 폐부를 후벼 판다.

사하군Sahagun을 기점으로 순례자들은 뿔뿔이 흩어졌다. 무리하지 않고 쉼을 택한 그룹은 10km 전에 위치한 산 니콜라스San Nicolas 마을에 여장을 풀었고, 아직 체력이 남아있는 일부는 5km 더 걸어 칼사다 데 코토Calzada de Coto를 목표 지점으로 삼는다. 겨울 카미노에 점점 애물단지가 되어가는 자전거 때문에 문 군 체력은 급전직하한 상태다. 그는 존과 함께 사하군에 머물기로 한다.

그들은 숙박을 위해 여기저기 수소문해 보았지만 책자에 소개된 알베르게는 이미 만원 상태라 했다. 주인은 "자리 없다"는 차가운 한 마디만 남기고 귀찮다는 듯 문을 닫았다. 분

했어야 했는데, 해보고 싶었는데, 할 수도 있었는데⋯⋯ 후회하지 않기.

명 사정을 잘 아는 마을 주민들 추천으로 찾아온 곳인데 자리 없다고 둘러대는 낌새가 의심스럽다. 하나 상처받기엔 밤이 깊게 내렸고, 타닥타닥 비까지 내리기 시작해 빨리 다른 방도를 찾아야 했다. 사설 알베르게 가격은 공립보다 3배 가까이 비싸 여간 부담스럽지가 않다.

점점 몸을 가눌 수 없어지고 빗방울은 머리카락을 타고 뺨으로 흘러내린다. 스페인 북부의 겨울밤, 찻집을 빼고는 마을은 쥐 죽은 듯 고요하기만 하다. 아직 저녁도 들지 않은 상태에서 마지막 희망의 끈을 놓지 않는다. 잘못하면 야심한 밤에 5km를 더 걸어야 하니 입안이 바싹 마르고 초조해진다.

다행이다. 드디어 찾았다! 간판에 불도 꺼져있고, 어두컴컴한 동네 뒷골목에 위치한 까닭에 찾기 쉽지 않았던 곳이다. 아까부터 표류하던 순례자들을 목도한 한 주민이 안타까운 마음에 안내해 준 곳이다. 천신만고는 이럴 때 쓰는 말인가. 술 한 잔을 한 얼굴이지만 볼이 빨개진 주민은 문 군에게만큼은 산타클로스나 다름없다.

온수가 나오지 않는다. 크레덴시알에 찍는 스탬프 서비스도 없다. 돈부터 재촉하는 까칠한 태도의 주인 할머니 때문에 괜히 주눅이 든다. 그나마 자리가 요금이 저렴하다는 장점이 있어 소소한 불편함들을 감수한다. 한숨 돌리고 긴장이 풀어지니 극심한 허기가 몰려온다. 그의 가방에 있는 건 양파 세 알 뿐. 문 군도, 존도 이성 잃은 지 이미 오래다. 당장 양파 껍질을 벗겨 한 입 크게 베어 문다.

"오 마이 갓!"

앞이 캄캄, 전기가 찌릿찌릿, 맥박지수 급상승, 수 초간 정상적 호흡 불가. 문 군과 존은

단 몇 초 만에 그 어떤 고난보다도 가장 쓰라린 아픔을 경험한다. 입안은 통증이요, 속은 열불이 나 뒤틀린다. 사레들려 마른기침이 나오고, 한동안 눈을 뜰 수가 없다. 빈속에 양파를 밀어 넣은 결과치고는 너무 참혹하다. 허기를 참지 못한 성마른 성정이 부른 참극이다. 순례하면서 이렇게 처절하게 눈물 흘려본 적이 없다. 자취할 때 먹었던 양파 볶음이나 샐러드는 달콤했던 걸로 기억하는 문 군은 자신의 미각이 심각하게 왜곡되었는지 의심한다. 참을 수 없는 통증의 역습이다. 그래도 먹어야 한다. 둘은 눈물 콧물 다 쏟으며 기어이 양파 두 알 반을 먹어 치웠다.

다음 날 아침, 문 군은 존과 함께 겨울 안개를 헤치며 걷다 며칠 전부터 계속 앞서거니 뒤서거니 하고 있는 네덜란드 순례자 슈흐트와 조셉 콤비와 다시 조우했다. 그들은 만나자마자 대뜸 어제 얘기부터 꺼냈다.

"문, 어제 우리가 묵은 알베르게에 네가 찾아왔더군. 안에서 다 듣고 있었는데 이해가 안 가더라고. 침대가 총 8개였는데 어제 5명이 묵었었거든. 그러니까 세 자리가 비어 있었지. 자리도 여유 있었는데 주인이 왜 받아주지 않았는지 모르겠어."

"그랬어? 아마 전에 한국 순례자에게 상처를 받은 모양인가 봐. 좀 씁쓸하긴 한데 그럴 수도 있지, 뭐."

이미 지나간 일, 마음에 두면 두는 사람만 고통스러운 법. 문 군은 그 주인이 다음 순례자에게는 살갑게 대하길 바라면서 다음 행선지인 엘 부르고를 향해 천천히 걷기 시작했다. 전날 밤 게걸스레 양파에 덤비다 처참히 능욕당한 사하군의 비루한 기억만 간직한 채.

모두 자신의 앞날에 대해 골몰하고 있는 이 길에서

그는 유일하게 다른 이의 내일을 더 염두에 두고 있다.

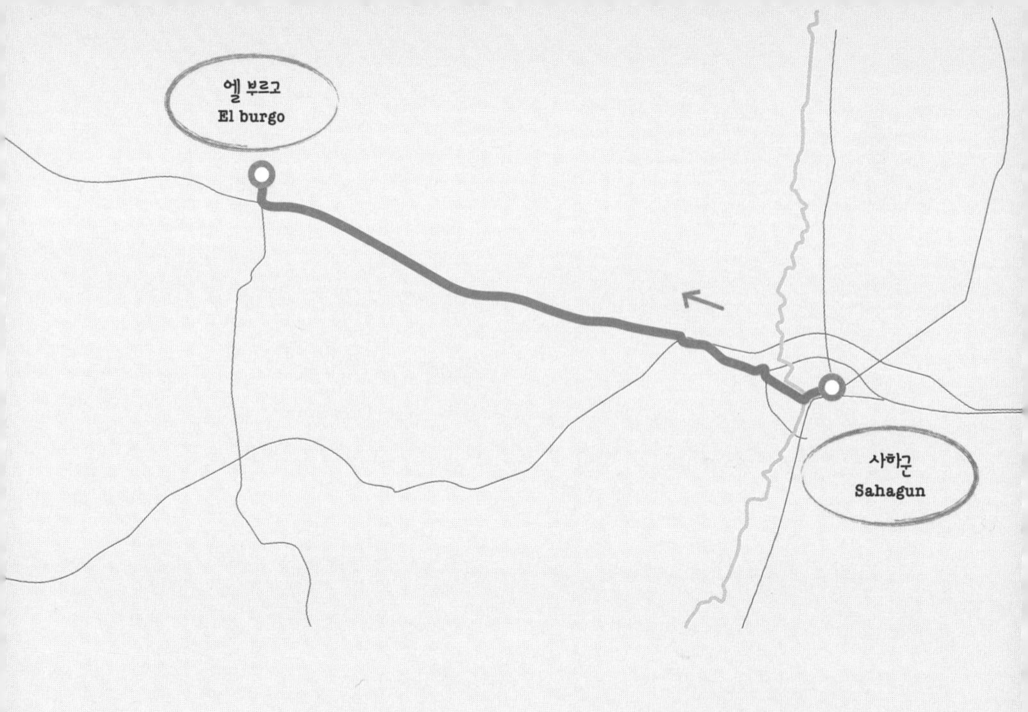
엘 부르고
El burgo
사하군
Sahagun

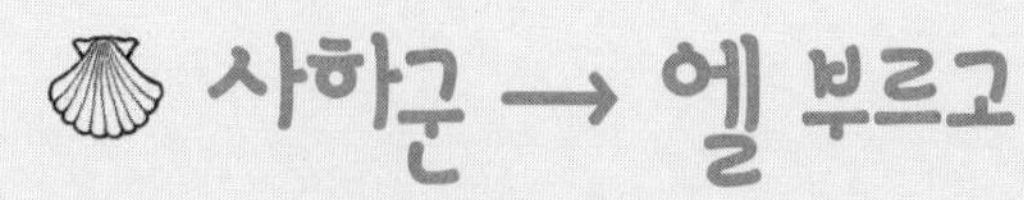
사하군 → 엘 부르고

17일차

"행복해서 도저히 주체할 수가 없어!"

〈오전의 행복 #1〉

문 군이 고개를 숙인다. 허리를 숙이고, 무릎까지 굽힌다. 눈은 점점 환희로 젖어들고, 입술은 탄성으로 가볍게 터진다. 스무 걸음 뒤에 따라오던 순례자들은 그가 별안간 멈춰 선 영문이 궁금하다. 그들은 말없이 바닥을 응시하고 있는 문 군 옆으로 다가간다. 그리고 함께 들여다본다.

"이것 봐."

문 군이 손가락으로 자신이 본 것을 가리킨다. 곧 거짓말 같은 일이 벌어진다. 누구도 말을 잇지 못하고 순간 정적이 흐른다. 싱글싱글 방글방글, 요람 속 해맑은 아기 얼굴을 보는 표정들. 소리 없이도 충만해진 감정이 미소를 짓게 한다.

"어머나, 누구야? 누가 이런 깜찍한 일을 저지른 거야?"

"맙소사. 정말 예뻐! 무슨 말을 해야 할지 모르겠어."

산드라와 나탈리아가 까르르 웃는다. 사비, 후안, 존, 남자들은 예상치 못하게 찾아온 소박한 기쁨을 감추지 못하고 있다. 그들은 이제야 문 군의 시선이 오래도록 멈춰있던 이유를 알아낸다.

바닥에 가지런히 놓인 귤 두 개. 그리고 그 아래 받쳐 놓은 쪽지 한 장. 누군가 또박또박 메모한 격려 한 마디, 'Buen Camino'.

당신도 누군가의 행복인가요?

누굴까, 자신의 존재를 알리지 않고 이렇게 예쁜 마음으로 길벗을 배려할 줄 아는 순례자는? 누굴까, 진심이 담긴 소박한 정성으로 모두를 행복하게 만든 지혜로운 순례자는? 오늘, 함께 걷는 순례자의 좌심방 우심실을 격하게 흔들어 놓은 것은 화려한 이벤트가 아니다. 이곳의 유명한 와인도, 고기도 아니다. 단지 두 알의 귤과 메모 한 장 뿐. 지친 여로에 비타민을 선사해 준 천사, 말하지 않아도 느낄 수 있는 살가운 정, 진정 카미노를 사랑할 수밖에 없는 이유다.

순례자 중 누구도 이 아름다운 범인의 존재에 대해 묻지 않는다. 물을 이유도, 필요도 없다. 단지 그 진심을 고맙게 받고, 또 나눠주면 되는 것이다. 아니, 그러기 전에 이미 보름이 넘는 시간 동안 서로가 그렇게 해 오고 있다. 누구 하나 마음 다치지 않고, 누구 하나 다툼 없이 오랜 길을 함께 걷고 있는 중이다. 실로 대단한 용기다. 기꺼이 사랑할 수 있는 용기.

다들 머뭇거린다. 여섯 명은 두 알의 귤을 본 것만으로도 이미 행복에 차 있다. 그래도 어떻게 처리할지에 대한 고민은 남아 있다. 레이디 퍼스트 정신을 발휘해 두 여성에게 줄 수도, 삼등분해서 모두가 3분의 1씩 먹을 수도 있는 상황이다.

키득키득, 문 군이 나선다. 그는 펜을 꺼내 쪽지에 수신이 분명한 이름을 적는다. 뒤에 처져있는 순례자들이 메모를 보고 잠시나마 행복할 수 있도록. 마지막에 걸어오는 이들이 지치지 않고 힘낼 수 있도록.

그 날 오후,

"귤 잘 먹었어요!"

꼴찌로 들어온 순례자의 표정이 밝다. 예상하지 못한 배려에 마음껏 감동할 수 있는 길. 귤 잘 먹었다는 한마디로 처음 놓아둔 사람도, 그걸 뒷사람에게 양보한 사람도, 마지막에 받아든 사람도, 모두 행복할 수 있는 시간이다. 이렇게 카미노의 하루는 또 추억의 한 페이지가 된다. 그나저나 누굴까, 깜찍한 생각을 예쁜 행동으로 옮긴 보이지 않는 손은.

〈오후의 행복 #2〉

"난 언제나 스무 살이야!"

아시아 여러 지역을 여행하고 스페인으로 건너온 러시아 중년 여성 루시Lucy. 방향을 가늠하기 힘든 극심한 안갯속에서 방황하다 문 군에게 따라잡혔다. 출발점에서 하루 일찍 출발한 지 17일 만이다. 만시야Mansilla로 가는 중인 그녀는 그전 마을인 엘 부르고El burgo를 목표로 삼는 문 군과 잠시 동행하기를 자청한다.

"이십 대 땐 '어떻게 하면 지긋지긋한 무료함에서 탈출할 수 있을까'가 주된 고민이었어. 그래서 호기심이 생기는 건 뭐든 해보려고 발버둥 쳤지. 약간의 일탈을 포함해서 말이야. 물론 공부도 열심히 했어. 근데 뒤돌아보니 남는 건 허무하게 지나간 세월뿐이더라고. 그렇게 나이 먹으니 이젠 '어떻게 하면 최대한 시간을 느리게 보낼 수 있을까'를 생각하고 있어. 그 답을 찾을까 해서 여행을 하고 있는 거지."

엘 부르고에 다다르기 전 만난 까닭에 대화가 본격적으로 시작될 무렵엔 문 군의 목적지에 도착해 있었다. 둘은 찻집에 들어가 조금 더 이야기를 나누기로 한다. 소녀 감성을 지

사하군에 들어서면 만나는 순례자 조각상.

닌 그녀의 제안이다. 문을 열자마자 안경에 김이 서린 푸근한 카페엔 이미 슈흐트와 조셉이 먼저 와 있어서 둘을 반겼다.

"겨울 카미노를 혼자 다니고 있었어. 가끔 다른 순례자들을 만나기도 하지만 웬일인지 길이 어긋나거나 속도가 달라 같이 걸었던 이들이 많지 않아. 혼자 먹고, 혼자 자고, 그런 생활이 반복되니 조금 허전하긴 하더라. 그래서 널 만나니 이렇게 반가운 거 아니겠어?"

루시는 들떠있었다. 오랜 가뭄 뒤 퍼붓는 폭우처럼 자신의 얘기를 여한 없이 쏟아냈다. 구태여 지난 카미노 사진들을 일일이 꺼내 보여준다. 혼자 걸었던 여행 경험을 들려주고 싶단다. 그녀는 얘기 도중 몽실몽실한 손으로 가방을 뒤적여 무언가를 꺼냈다. 인형 속에 인형, 그 인형 속에 다시 인형이 들어있는 마트료시카Matryoshka와 열쇠고리다. 러시아 전통 인형의 귀여움을 자랑하는 눈가엔 천진함이, 입가엔 난만함이 피어난다.

그녀가 다시 화장지에 캐릭터 그림을 그린다. 이번엔 체브라시카Cheburashka란다. 귀여운 얼굴에 넓적한 귀가 인상적이다. 순례길의 생생한 여행담으로부터 파생된 이야기는 자신의 청춘 시절 추억과 러시아의 매력 찬양으로 이어진다. 문 군은 그녀의 중구난방식 만연체에 살짝 피곤을 느낀다. 그래도 장단 맞춰 웃는 수고를 아끼지 않는다. 혼자 걸어온 그녀에게 필요한 건 공감이니까. 혼자 헤치는 삶의 가볍지 않은 외로움을 그도 잘 알고 있다.

루시는 누군가 자신의 이야기를 경청하는 것에 대해 고마워한다. 반응이란, 인간의 존엄성을 확인할 수 있는 가장 기본적인 태도라는 것. 확실히 인간은 자신에게 호의적인 반응에 열광하는 경향이 있다. 사춘기 소녀처럼 자신의 얘기에 스스로 까무러치며 즐거워하던 그녀가 문 군에게 선물을 내민다.

"순례 중에 마음이 통한 사람에게 주기로 했거든. 이건 네게 주는 거야."

마트료시카 열쇠고리다. 그녀는 문 군을 마음이 통하는 순례자로 받아들였다.

'나는 그녀에 대해 아무것도 모른다. 또 나와 그녀가 마음이 통하는 사이인지 의문투성이다.'

아무것도 모르는 것과 의문투성이인 것 사이에서 고민하고 있는 문 군의 마음 문을 그녀는 거칠 것 없는 발랄함으로 노크한다. 맥박의 흐름이 불규칙해지고, 당황한 움직임으로부터 나온 기계적인 미소가 어색함을 증폭시킨다. 대체 친하지 않은 사람으로부터의 넘치는 미소와 갑작스러운 선물에 대해 어떻게 대응해야 현명한 건지 그는 낯설기만 하다.

의식적으로 뱉어야 할 말의 체계가 폭삭 무너지고, 마른 입안을 적시려 주문한 콜라를 벌컥 들이켠다. 맹렬했던 기포의 용솟음이 잦아들고 청량감을 잃기까지의 시간이 흐르자 차츰 어지러웠던 감정이 잡히고 조금씩 감동이 차오른다.

"정말 고마워요, 그런데 이걸 어쩌죠? 나는 딱히 줄 게 없어요."

"뭐 어때? 내가 줄 수 있는데."

비가 내리고, 잿빛 하늘의 어두움이 더욱 두터워진다. 할로겐 조명을 받은 루시 때문일

"네가 행복하지 않으면 아무것도 소용없어."

까, 여전히 문 군 주위는 밝기만 하다. 그녀는 슈흐트와 조셉과도 한참을 더 수다 떨고서는 주섬주섬 짐을 챙겨 밖으로 나갔다. 레온에서 꼭 보자는 약속, 러시아에 한 번 들르라는 얘기, 그리고 문 군을 꼭 안으며 속삭이는 한 마디,

"행복한 순례여야 해. 네가 행복하지 않으면 아무것도 소용없는 것이야."

힘차게 손을 흔들며 작별을 고한 루시가 총총걸음을 옮기며 빗속으로 사라진다. 조금은 얼얼한 상태의 문 군은 그녀의 뒷모습에서 알 수 없는 행복을 본다. 빗방울 하나하나가 땅에 튀기며 겨울밤을 감미롭게 수놓는 연주가 된다.

'당신의 무조건적인 환영에 보답하는 순례가 되겠어요.'

문 군은 마트료시카 열쇠고리를 한 손에 꼭 쥐고는 맞은 편 알베르게로 뛰어간다. 벽난로가 있고, 온수가 나오고, 부엌이 있으며, 무선 인터넷을 사용할 수 있는 보기 드문 안식

처다. 게다가 오늘 순례자 대부분은 다음 여정지에서 묵는다. 그렇다면 작은 마을에서의, 완벽한 자유다!

주체할 수 없는 기쁨에 겨워진 그는 비상용으로 꼭꼭 숨겨둔 콜라캔을 꺼내 음미하면서 방명록을 읽기 시작했다. 엘 부르고에서 하룻밤 추억을 수놓은 지난 순례자들의 이야기다. 거기엔 여행에서 얻은 소소한 행복과 한 걸음 떨어져 삶을 관조하는 자신만의 철학이 묻어있었다. 읽다 보니 아픔에 공감하고, 또 공감에 키득거린다. 어쩜 이리 똑같을까, 다름 아닌 문 군 자신의 얘기들이어서 '풋' 입가가 올라간다.

밖에는 추적추적 계속 비가 내린다. 와인을 곁들인 크림 파스타, 허리를 지져주는 핫팩, 내일 도착할 레온에서 손에 쥐게 될 패스트푸드 햄버거 세트가 이 밤, 행복을 더욱 뭉근하게 달궈준다. 모든 것이 행복으로 귀결되는 하루다. 문 군에겐 처음으로 아침이 몹시 늦게 찾아오기를 바라는 달콤한 잠자리다.

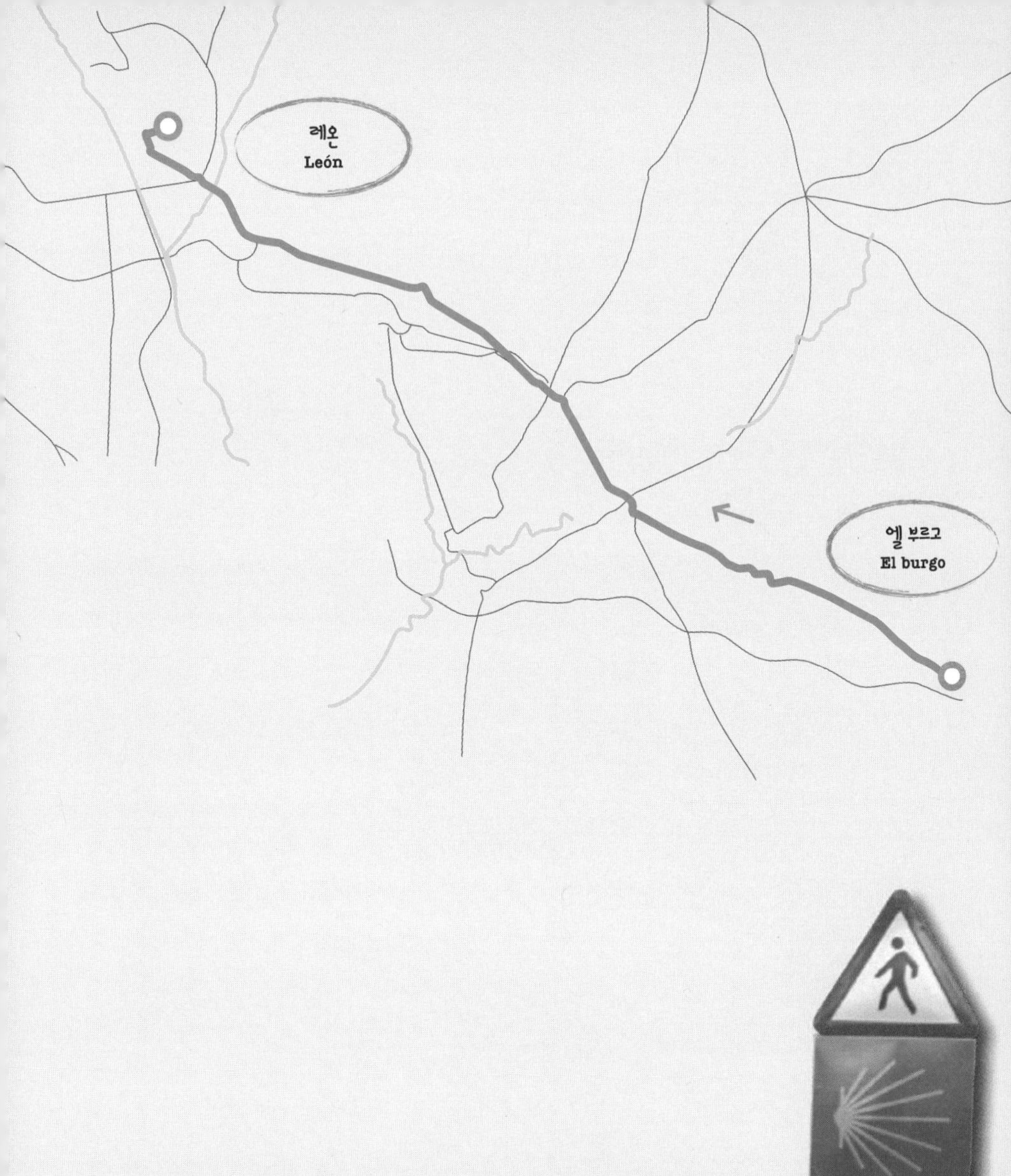

엘 부르고 → 레온

입술 꽉 깨물고 45km 걸어간 이유

어둠이 머무른 지 한참이다. 거리의 네온사인은 영혼의 안락함을 깨뜨리고, 한두 방울 떨어지기 시작하는 겨울비는 예민한 감정을 더욱 날카롭게 만든다. 쇠곤해진 채 질질 끄는 기약 없는 한 걸음, 또 한 걸음이 모두 악몽이다. 순례자는 납득할 수 없는 욕심의 잉태에 스스로 불만을 터트리다 자책한다. 체력이 바닥을 드러내고, 사유 없는 걸음의 전진은 공허할 뿐이다. 레온 시내에 들어온 지 벌써 한 시간 반째.

엘 부르고를 나선 아침, 겨울 카미노답게 희읍스름한 하늘에서 눈발이 날렸다. 한때 몸이 불편한 순례자들을 위해 당나귀 택시를 운영했다는 비야렌테Villarente에서 잠시 목을 축인 문 군은 토리오 강Rio Torio까지 계속해서 전진했다. 시대를 달리해 로마인과 유대인들이 거주한 마을에서 만난 카스트로 다리Puente Castro는 자연과 역사의 내음을 맡으며 걸었던 오솔길의 조용한 환희를 끝내고 본격적인 문명으로의 진입을 알린다.

문 군은 다시 찾아온 소음이 여간 불편한 것이 아니다. 도로 곳곳에서 뿜어져 나오는 배기가스 때문에 기침이 나온다. 시멘트 모르타르로 쌓아올린 벽돌 아래로 공사 먼지가 자욱하다. 버프로 얼굴을 둘러싸 코와 귀를 가려도 도시화가 가져온 삭막함까지는 가릴 수가 없다. 카미노는 그 길이 순례가 아닌 관광으로 변질된 시점부터 절대적으로 자연 그대로의 순결을 유지해야 하며 역사의 흐름을 경박하게 거슬러서는 안 된다는 불문율이 깨지고 있다.

고단한 순례자에게 사랑방 역할을 했던 알베르게는 편리를 위한 상업화가 진행 중이

고, 대화와 묵상으로 채워졌을 쉼터는 이제 인터넷이 점령해 그들을 화면 속에 가둬놓은 채 가슴으로 채워야 할 무언가를 앗아 간다. 무더운 날 냉수 한 잔에 가슴을 시원케 한 현지인들의 배려는 사라지고, 이제 돈이라는 수단을 통해서만 의미는 퇴색된 채 건조한 서비스를 제공받을 수 있다(물론 자원봉사자의 노고에 대해선 감사할 일이다).

레온León에 들어서자 인파에 매몰 돼 직선 주행이 불가능해지고, 종종 어깨를 스치게 된다. 환경 탓을 잘하는 문 군으로선 좀처럼 잔잔한 묵상에 집중할 수 없는 카오스다. 오래전 광산업의 중심지가 현대에 이르러 관광지로 변모되면서 이방인을 상대하는 기술은 늘었겠지만 세심한 진정성까지 깊어졌는지 그는 확신할 수 없다. 조건 없는 사랑을 나누던 날들의 평온했던 때가 그립다. 아니 자신이 먼저 그럴 수는 없을까 문 군은 헐거운 내면을 들여다본다.

어깨가 뭉치고, 다리가 풀린다. 한적한 길 가에서 찾은 민틋한 돌의자가 반갑다. 쉬자고 눕다가 그대로 잠이 든다. 한 시간 후, 여전히 시르죽어 있지만 억지로 감은 눈을 뜬다. 무엇 때문에 이렇게 무리를 하는지 곰곰이 되새긴다. 목표는 확고하다. 문 군은 입을 앙다문다. 순례자의 영혼을 가지고 기어코 문명 세계의 중심으로 들어가는 세속의 일탈을 꿈꾼다.

돌고 돌아 결국 지도상 거리를 훌쩍 뛰어 넘어 45km를 걷는다. 하필 교회 알베르게가 수 주 간의 휴식기를 가져 공립 알베르게로 되돌아가야 했다. 그리고 그토록 밤거리를 헤맨 진짜 이유.

“매……맥도날드다!”

BOCATAS
RACIONES
ON PARLE
FRANCAIS
TAPAS

ALBERGE
HELADOS
Nestlé
ven!
TORRE
CALLE
LA TORRE
by Tobi
ESTABLECIMIENTO
RECOMENDADO
BOCADILLOS
JAMON 4,00
TORTILLAS 3,50
CHORIZO 4,00
QUESO 4,00
FILETE 4,50
TERNERA
camino
solar

이것이다. 벼르고 벼른 것. 레온에서 궁극의 환희를 안겨 준 아이템은 역사도, 문화도 아니었다. 그저 이 도시 사막의 오아시스를 찾아 오랜 걸음을 끌고 온 것이다. 순례의 절대적 목적성을 띤 '노란 M'은 그에게 구원의 손을 내민다. 햄버거에 감자튀김, 콜라. 카미노 위에선 문명을 거부하면서 또 문명적인 것을 애타게 원한 순례자의 이율배반적인 모습은 얼마나 덧없으며 또 인간적인가?

백열등을 보고 달려드는 나방처럼 '노란 M'을 사모해 마지않던 순례자들이 하나둘 모여든다. 다들 영락없는 좀비 걸음이다. 어찌 보면 재밌는 현상이다. 길에선 신자유주의의 아이콘 다국적 기업을 신랄하게 비판하고 친환경적, 범서민적인 것들에 관한 정당성에 열변을 토하던 면면들이다. 그랬던 그들이 이성의 끈을 놓아버린 채 닥치는 대로 주문해 목구멍으로 꾸역꾸역 쑤셔 넣고 있다. 45km 걸어온 것에 대한 보상은 참으로 아름답고도 아름답도다. 그래, 욕하면서 먹는 재미가 또 쏠쏠하다.

정신을 차리고 보니 본능에 진 자아를 발견한다. 습관은 두렵고, 중독은 무섭다. 광고의 위력은 대단하다. 힘들고 지칠 땐 머릿속엔 온통 맥도날드와 코카콜라밖에 그려지지 않으니 이만하면 절제하지 못한 자신을 탓할 필요는 없다. 입속에서 자극적인 청량감과 육질의 잔상이 남아 춤을 추니 마냥 행복한 걸 어쩌랴.

먹고 살만해지니 레온에서 하루 더 머물기로 한다. 순례하는 동안 단 하루도 멈춰 휴식을 가져본 적 없다. 45km를 걷게 한 햄버거의 위력을 실감하면서 순례자들은 알베르게를 향해 터덜터덜 걸어간다. 잠시 동안 진실의 가면을 벗어젖힌 '노란 M'이 저 멀리서 여전히 밝고 환한 동자승처럼 웃고 있다. 마치 '너희들 또 당했지?'라고 살살 약 올리는 것처럼.

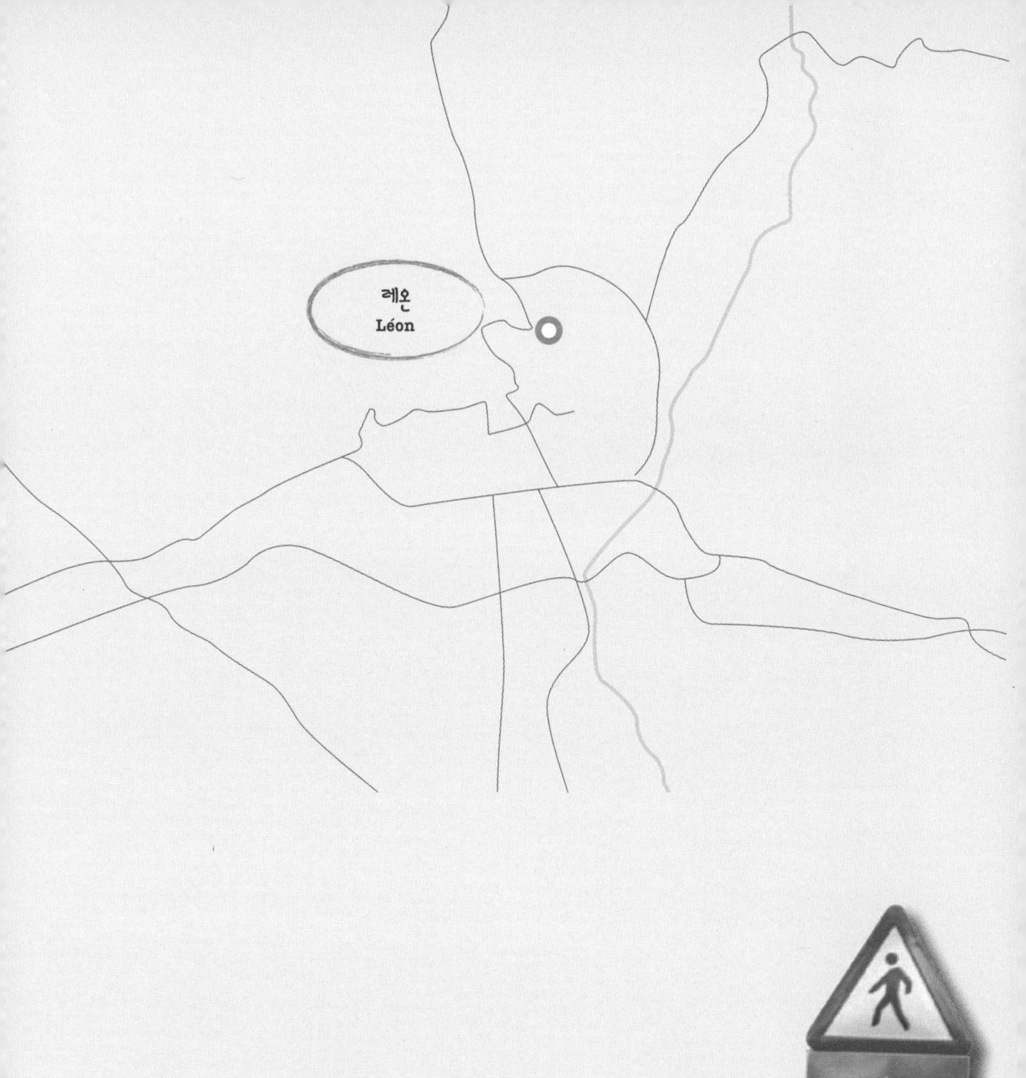

 레온

레온 대성당에서 나를 저울질 하다

카미노 순례 이후 처음 맞는 휴일, 문 군은 산 마르코스 광장에서 열리는 토요 시장의 활기에 덩달아 달뜬 기분이다. 총천연색의 신선한 과일이 수레마다 가득하고, 한쪽에선 꽃을 든 남자들이 호객행위를 한다. 상인들은 엉너리치는 빈말이 없다. 그렇다고 덤이 있는 따뜻함이 있는 것은 또 아니다. 판매자와 구매자 모두 제값 주고 제 몫을 취하는 상거래에 충실할 뿐이다. 문 군은 아침 식사를 대신해 과일 몇 알로 허기를 면한다. 달다. 청춘도 이처럼 달콤하다면 좋으련만.

광장 뒤편으론 만물 시장이 펼쳐져 있다. 클래식한 트랜지스터라디오에서부터 최신 일안 리플렉스 카메라, 주인과 오래도록 숨을 공유했을 각종 장신구와 생활 물품들이 새로운 임자를 기다리고 있다. 세월이 흐를수록 더욱 가치를 발하는 것과 되레 효용가치가 사라지는 것이 공존하는 장터엔 옅은 긴장감이 서려 있다. 입김을 내지 않고 거래되는 법은 없다. 판매자와 구매자의 입김이야말로 커뮤니케이션의 시작이자 본질이다.

물건의 가치는 가격에 있지 않다. 보는 사람의 눈과 가슴으로 판단된다. 과일 시장에서 천진난만한 아이였던 문 군은 스페인의 유서 깊은 문화와 전통을 향유한 장터에서는 어느새 노인이 된다. 생경한 모든 것은 순례자의 마음을 끈다. 하지만 이 짐들을 얹어 걸어가야 할 고행을 생각하니 도리질을 하게 된다. 애석해하는 상인의 낯빛에 한 줌 미소를 던지며 다음을 기약한다.

정처 없이 골목을 배회하다 너른 레갈 광장Plaza Regal을 만난다. 광장 끝에는 고딕 양식의 무류한 레온 대성당이 자리하고 있다. 머다랗게 보이던 대성당은 가까이 다가갈수록 그 위풍당당함이 더해진다. 외양도 외양이지만 입구에 들어서니 알 수 없는 위엄 앞에 촐싹대던 성정이 곧 시그러진다. 신의 존재 앞에 이곳으로 발길이 끌려온 이유가 평명해지기 때문이리라.

복음삼덕福音三德. 예수가 복음적인 삶을 위해 가르친 세 가지 덕행이 있다. 청빈하게 살 것, 정결하게 살 것, 진리를 따라 살 것. 그리고 그가 전 생애에 걸쳐 지킨 언행은 단 한 단어만 필요로 한다. '사랑'이다. 내 이웃을 사랑하는 것을 넘어 원수까지도 사랑하라 하지 않았던가. 수많은 신자들의 기도와 흐느낌의 이유를 문 군은 알 것 같다. 그들이 회개하는 이유는 예수의 가르침을 모르는 무지함이 아니다. 오히려 그 진리를 너무나 잘 알기 때문이다.

'먼 곳에서부터 기도하라.'

날라리 크리스천 문 군도 이따금씩 경건해질 때가 있다. 그가 삼는 기도의 방법이다. 나부터 기도하면 사사로운 욕구충족을 위한 기복주의로 흐르기 쉽다. 번영신학의 정점에서 신은 곧 '소원자판기'일 뿐이다. 그래서 멀리부터 기도한다. 물리적인 거리만을 말하는 것이 아니다. 아프리카나 남미의 소외된 이웃뿐만 아니라 어쩌면 부모, 이웃, 친구가 가장 멀리 있는 사이일지도 모른다.

그렇게 자신을 위한 차례가 오면 자신의 문제는 되레 작아 보일 때가 있다. 외롭고, 힘들어 기도하려 했는데 오히려 위로와 감사가 된다. 자신에게 주어진 행복을 다 헤아리지 않은 채 불평과 불만을 토로하는 건 가슴 뛰어야 할 인생의 주도권을 빼앗기고 있는 것 아닐까? 문 군은 그런 생각에 기도를 통해 무엇인가를 구하기보다 자신을 저울질(히브리어로 '히트 팔렐') 해본다. 단 한 순간이라도 진실한 사랑이었는지 점검해 보는 것이다.

화려함의 극치를 자랑하는 스테인드글라스 창을 통해 빛이 새어 들어온다. 정적과 침묵으로 가득 메워진 대성당에서 유일하게 탄성이 터지는 공간이다. 빛의 따스함이 세심하다. 그 빛은 거룩해서 상한 마음을 만져주고, 교만함을 털어내게 한다. 눈물 없이도 뜨

겁게 감동을 주는 힘이 있다. 그 빛을 바라보며 마침내 저울추가 기울어지는 것을 느낀다. 부끄러움으로 점철된 인생에 다시 한 번 사랑할 수 있고, 사랑받을 수 있는 자격이 주어진다. 신의 은총이다.

따뜻한 여운이 가시지 않은 늦은 저녁, 겨울 칼바람을 헤치고 패스트푸드점으로 순례자들이 하나둘 모여든다. 다음 날 여정을 위해 문 군은 햄버거에 콜라나 잔뜩 마실 요량이었다. 그런 그 앞으로 뜻밖에 초코케이크가 놓인다. 분위기 파악하느라 잠시 어수선한 틈을 타 누군가 외친다.

“문 군, 생일 축하합니다!”

“생일 정말 축하해요!”

“뭐라고요? 오, 그대들. 맙소사!”

내일은 그의 서른두 번째 생일이다. 겨울 카미노에서는 작은 슈퍼마켓도 장담하기 어려워 미리 축하하는 것이다. 문 군보다 더 신이 난 순례자들은 케이크에 초 대신 감자튀김을 꽂고, 생일 축가를 부르며, 조그만 선물을 증정한다. 꽤 실용적인 카고바지다. 카미노의 동지들이 깜짝 이벤트를 연 것이다. 늘 외로움을 투덜거리던 문 군이 쑥스러운지 붉어진 얼굴을 차마 들지 못한다.

사람들은 예수가 주는 복에 대해 확실히 열광한다.
그러나 고난에 동참하자는 말에는 철저히 침묵한다.

문 군 몰래 준비한 거란다. 그 진심을 알기에 문 군은 자꾸만 젖어드는 눈물이 넘치지 않게 눈을 깜빡거린다. 지금껏 순례자들은 큰 트러블 없이 하나가 되어 있었다. 쓸쓸하고 적적한 겨울 카미노에 도무지 만날 일이 없을 지구인들이 세상의 한 점에서 만나 길동무가 된다는 것은 깊은 인연이 아닐 수 없다. 축하받는 이보다 축하해주는 이가 더 설레고 기뻐하는 소소한 나눔들, 겨울 카미노가 준 선물이다.

문 군은 하루 종일 따뜻하다. 오랜 걸음으로 지쳤던 영혼에 다시 생기가 돈다. 스스로 놀랄 정도로 명랑하게 웃고 있는 자신을 발견한다. 웃음의 근원, 아픔의 치유, 모두 사랑에 있다. 사람을 사랑하는 것만큼이나 가치 있는 것은 없다. 그 가치를 경험할 때 깊은 감격의 환희가 밀려온다. 문 군은 어찌나 뜨거운 가슴인지 윈드재킷 지퍼를 올리지 않고 숙소까지 양반걸음으로 걸어갔다. 한 손에 콜라가 들려있어서 그런 것만은 아닐 것이다.

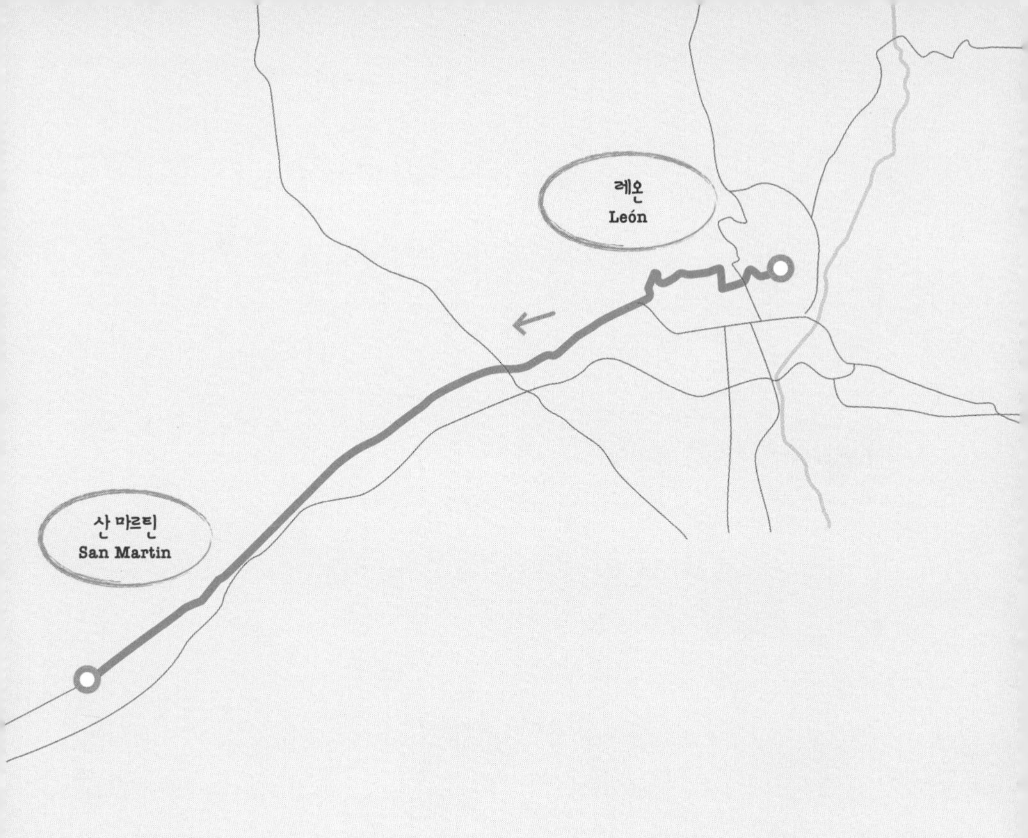

 레온 → 산 마르틴

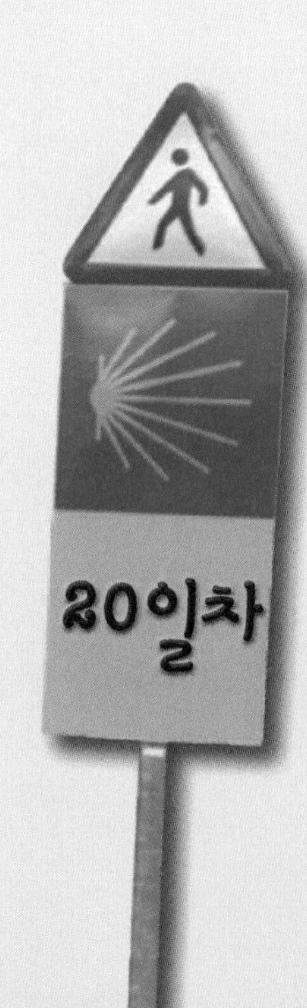

우정이 망울지는 한 마디, "괜찮아?"

순례길이라고 해서 늘 환희만 있는 것은 아니다. 무거운 짐, 처지는 걸음, 차가운 날씨는 꽤 빠르게 감정을 소모시킨다. 기계적인 미소로 대변되는 위태로운 평화는 마치 부푼 풍선 같아서 지나친 농이나 거북한 행동 하나가 타인의 거룩한 하루를 망칠 수도 있다. 이럴 때 순례자는 이기심과 상의하지 않는 것이 현명하다. 모두가 힘들다면 차라리 자신이 더 힘든 편을 택하는 게 평화를 유지하는 길이 된다.

동행자 중 누구라도 발걸음을 멈춰 세우면 가장 가까운 이가 몸 상태부터 확인한다. 누구에게나 "괜찮아?" 이 한마디가 듣고 싶을 때가 있다. 작은 관심과 위로, 격려에 참았던 감정이 그만 복받칠 때가 있다. 경쟁사회 속 인간들은 아픔을, 약함을, 상처를 표현할 솔직한 감정의 절제를 강요당하고 있다. 그렇기 때문에 "힘내!", "가방 이리 줘", "쉬었다 가자", "이것 좀 마셔"로 돌아오는 반응에서 낯선 감동을 받는다. 승자 독식 사회에서는 감히 꿈꿀 수 없는 동행이다.

오랫동안 삶의 한 방법에 있어 가장 숭고함에도 가장 드문 일들이 카미노에선 상식이 된다. 분명 나 때문에 걷는 길인데 남을 위해 걷게 된다. 그런데 오래 지나지 않아 그것이 나를 위한 힐링이었음을 깨닫는다. 나를 찾는 이가 없는 것이 아니라 내가 찾아갈 사람이 없을 때를 말하는 것이 외로움이라면 그것이야말로 끔찍하고도 지독한 불행 아닐까? "괜찮아?" 이 한 마디는 열아홉 진부터 칠순의 안젤로까지 모두에게 동일하게 필요한 평화의 메시지다.

아침에 레온을 출발, 묵묵히 노란 화살표만 따라 걸었다. 레온과의 작별을 고하는 베르네스가 다리Puente de rio Bernesga를 지나자 갈래 길이 나온다. 먼 거리를 돌아갈 걱정에 문 군은 120번 도로 쪽 카미노를 택했다. 역시나 삭막하고 딱딱하다. 자욱한 안개와 먼지가 뒤섞여 시야는 흐리고 눈과 발은 피로하다. 중간에 말라버린 밀밭과 옥수수밭을 지난다. 농부의 수고로운 땀이 잠시 멈춰있는, 다음 수확을 위해 휴지기에 들어간 상태다. 교회 첨탑에는 둥지를 튼 새들이 있다. 갈래 길이 나올 때마다 '도대체 야고보가 정말 걸었던 길이 어디일까?' 문 군은 여전히 풀지 못한 질문을 던지며 걷는다.

'이럴 수가!'

그저 놀랍다. 이토록 재미없는 구간도 흔치 않을 것이다. 대자연을 병풍 삼아 걸으며 물아일체가 될 수도, 순례 동지들과 도란도란 얘기 나누며 소박한 정을 나눌 수도 없는 문 군은 그 무자비한 지루함에 맥이 탁 풀린다. 가끔씩 지축을 흔드는 트럭의 운행과 그것이 배설하고 가는 먼지 바람, 소형차들의 앙칼진 클랙슨 소리는 내면에 대한 고찰 의욕을 사정없이 꺾어놓는다.

온통 걷기에만 집중해 일찌감치 산 마르틴San Martin의 사설 알베르게에 도착한 그는 신승훈의 목소리를 듣기 위해 이어폰을 꽂고 침대에 누워 휴식을 만끽한다. 질풍노도의 시절, 이유 없는 반항조차 존재의 미학으로 승화되던 그때, 거친 감정 속에서도 한 줄기 순수함이 찬란하게 꿈틀대고는 했다. 슬픈 이별의 환상을 심어준 신승훈, 윤상, 윤종신, 이승환, 푸른하늘의 발라드들은 그러나 이제 '노땅'의 한쪽 가슴에서 추억만 자극할 뿐이다. 그들은 한물갔고, 대세는 '성발라'가 아니겠느냐는 카미노 동지 재희가 어쩐지 얄밉다. 성

FRA

시경 '옵하' 생각에 홍조를 띠며 나를 핀잔주기엔, 내 소중했던 시절의 추억이 퇴물취급 받기엔, 그녀와 나는 고작 2주차 친구일 뿐이다.

오늘은 순례자들이 흩어진 터라 묵는 인원도 별로 없다. 언제부턴가 호기심에 훑어보는 방명록은 소소한 재미를 안겨주는 일과가 되었다. 아니나 다를까, 이곳을 지난 순례자들의 일기가 공감을 불러일으킨다. 나와 다른 이들이 나와 다름없는 감정을 느끼고 공유한다는 것에 가슴 한쪽이 훈훈해진다. 세상에서 가장 크게 들리는 소리 세 가지는 새로 산 차에서 처음 들려오는 달가닥거리는 소음, 깜깜한 침대 주변의 모기 한 마리, 그리고 맞장구치는 같은 편의 목소리일 것이다. 그들의 진심이 문 군 안에 크게 울리는 듯하다. 그는 고개를 끄덕거리며 흡족해하고 있다.

한쪽 벽에 설치된 현수막에선 치열했던 지난 월드컵 축구 경기의 열기를 느낄 수 있다. 경기 때마다 맥주와 1유로 내기를 했나 보다. 낙서만 봐도 흥한 분위기가 느껴진다. 이 순간만큼은 자국의 명예를 걸고 서로가 라이벌이 되었을 것이다. 승리한 자의 환호, 패배한 자의 절망이 현수막 가득 서려 있다. 본선 토너먼트 16강에서 멈춰버린 태극기의 선을 보자니 아릿한 안타까움이 터져 나온다. 문 군의 머릿속엔 우루과이전 이동국밖에 생각나지 않는다. 현수막엔 온통 스페인 우승의 축하 메시지가 느낌표 백만 개와 함께 그려져 있다.

차분히 맞은 이른 저녁, 순례자들에 의해 또 한 번 이벤트가 진행되었다. 돼지갈비와 스파게티로 문 군에게 저녁 메뉴를 대접해 주는 것이다. 놀란 문 군에게 가볍게 던지는 그들의 변,

"새삼스럽게 뭘, 오늘은 진짜 당신 생일이니까요."

배려하고 싶어 안달이 난 카미노의 이 사랑 앞에 어느 누가 감동하지 않을 수 있을까. 순례자들의 속정에 이렇게 사랑받을 자격이 있는지 송구스러운 문 군은 도대체 몇 번째인지 모를 감격에 젖어든다. 작은 사람에게는 큰마음이 들어갈 자리가 없다. 하나 순례를 하면서 배려하다 보면 누구나 마음의 키가 커지게 마련이다. 그 큰마음이 큰사랑을 만들고, 그 큰사랑이 분명 큰사람을 만들 것이다. 카미노의 그림자가 커 보이는 것이 서쪽 하늘에 지는 붉은 태양 때문만은 아닐 것이다.

경쟁사회 속 인간들은

아픔을, 약함을, 상처를 표현할

솔직한 감정의 절제를 강요당하고 있다.

그렇기 때문에

"힘내!",

"가방 이리 줘.",

"쉬었다 가자.",

"이것 좀 마셔."

로 돌아오는 반응에서 낯선 감동을 받는다.

승자 독식 사회에서는 감히 꿈꿀 수 없는 동행이다.

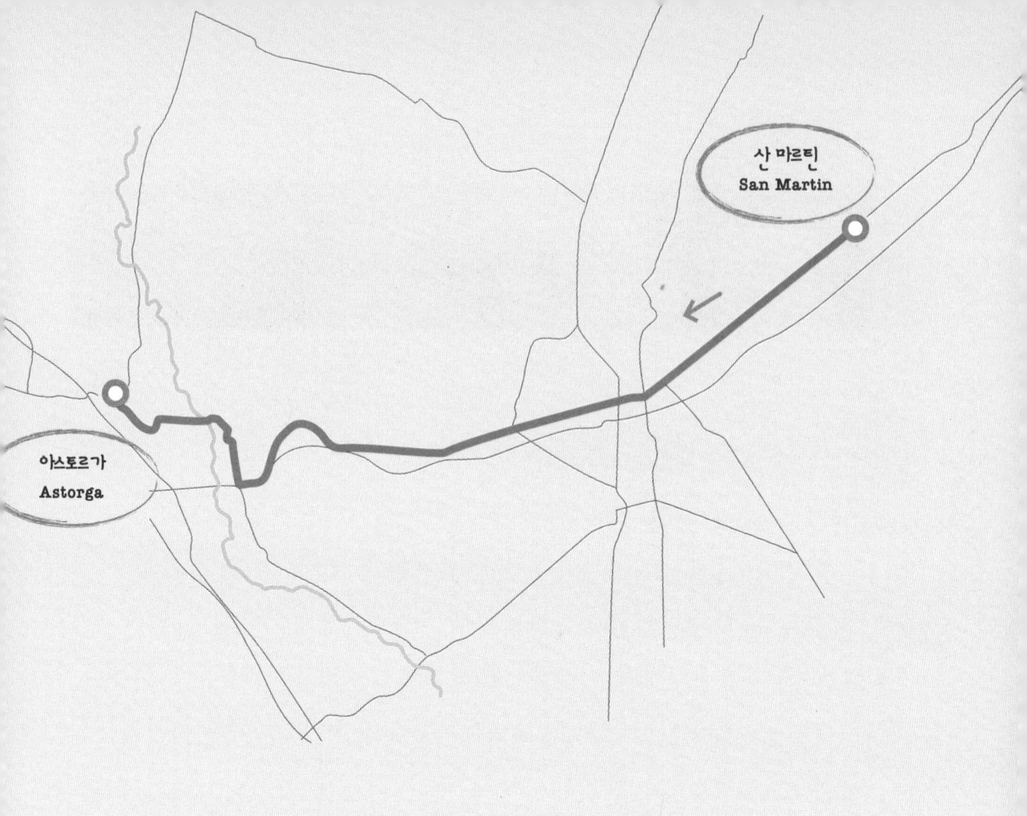

 산 마르틴 → 아스토르가

동급 최강 덤벙 대마왕의 실수

문 군이 패닉에 빠졌다. 시장 푸줏간에서 고깃값을 지불하려고 상하의 주머니를 정신없이 뒤적거렸지만 잡히는 게 없다. 감쪽같이 사라진 50유로짜리 지폐 한 장, 분명 상의 주머니에 넣은 기억이 있다. 어떻게 빠진 걸까? 푸줏간 주인은 다 썰어 놓은 고기를 포장해 건네받을 돈만 기다리고 있다. 문 군은 울먹이기 일보 직전이다. 하나 돈만이 문제가 아니다. 평소에도 흘리고 다니는 게 취미인 그에게 이번 사건은 꽤 심각한 사안이다. 정리정돈과 메모에 대한 중요성을 알면서도 매번 무시했던 대가다.

아스토르가Astorga에 도착한 순례자들은 함께 푸짐한 만찬을 들기로 했다. 하루 종일 도보 여행으로 지쳐서인지 저녁 메뉴로 돼지고기와 야채, 약식 볶음밥 그리고 이 모든 것의 음미를 더해줄 포도주와 콜라를 몹시도 소망했다. 문 군 역시 격하게 동의하며 지글지글 익는 돼지고기의 '식감'을 마음껏 즐길 준비를 했다. 그런데 어처구니없는 분실이라니.

그는 바삐 숙소와 푸줏간을 오가며 단서를 찾기 시작했다. 순례자들도, 푸줏간 주인도 돈의 행방에 대해 전혀 아는 기미가 없다. 애타는 심정으로 땅거미가 진 거리의 길바닥을 훑는다. 그러나 수많은 사람들이 지나가는 길에 흘린 지폐가 남아있을 리 만무하다. 돼지고기의 꿈이 이렇게 무너지는 것인가? 자책하는 순간에도 하루의 노고를 달래줄 돼지고기만을 오매불망 기다리는 순례 친구들 생각에 발만 동동 구른다.

울상이 된 문 군은 어쩔 수 없이 제 돈으로 고기를 구입했다. 육질이 살아있고, 두툼한 살코기가 치명적으로 유혹해오는 상황이지만 숙소로 돌아오는 발걸음이 가벼울 리가 없

다. 사실 처음 뒤적거렸을 때 상의 주머니 지퍼가 열려있었다. 그러나 깊숙한 주머니에서 지폐가 빠지긴 쉽지 않은 일이다. 아마 운수 나쁘게도 손을 넣고 빼다 자신도 모르게 흘러 나왔을 공산이 크다. 칠칠하지 못한 그에겐 수원수구誰怨誰咎, 이 한 마디만 뇌리에 박힐 뿐이다.

숙소에 다다른 문 군이 주방에 음식을 건네며 검은 윈드재킷을 벗었다. 날이 추워 걸친 겉옷은 실내에서 활동하는데 여간 불편하지 않기 때문이다. 그때 불현듯 섬광처럼 스치는 깨달음이 있었다. 그는 검은 윈드재킷 속으로 또 다른 얇고 검은 스포츠 재킷을 입고 있는 것을 발견했다. 푸줏간으로 나서기 전 추울까 봐 그 위로 윈드재킷을 덧입은 것이다. 그걸 잊고 있었다. 미묘한 확신 속에 왼쪽 주머니에 손을 넣는 순간, 만세, 귓전에서 '할렐루야!' 성가곡이 터져 나온다. 그렇게 찾아 헤매던 50유로짜리 지폐가 얌전하게 접혀있었다!

이런, 구제불능 덜렁쇠 같으니! 이런 성격으로 카미노를 걷는 자신이 민망하고 한심스러울 뿐이다. 어쨌든 문 군은 활력을 되찾았고 가눌 수 없는 환희 앞에 돼지고기는 다시 마성의 유혹을 해왔다. 군침으로 대변되는 식욕 역시 되살아났다. 재희와 존, 진을 포함해 알베르게에서 처음 만난 순례자 산티Santi와 헬리오스Helios가 저녁 식탁에 함께했다.

"난 사진기를 들고 다니지 않아. 내 머리와 눈이 마음의 사진기니까."

산티는 산티아고의 준말, 게다가 그는 여태 만난 순례자 중 가장 자유로운 성격에 가장 핸섬한 마스크를 자랑했다. 카미노는 두 번째란다. 이번 순례의 목표는 철저하게 음미하며 걷기. 남들은 그냥 지나치는 길에도 그는 자연과 사물을 새롭게 해석해 오래도록 머물

CAMIN

산티(Santi)와 헬리오스(Helios).

다 온다. 그렇기 때문에 남들보다 두어 시간 늦게 숙소에 도착하지만 누구보다 풍성한 이야기보따리를 풀어 놓곤 한다.

"그리스 신화에 나오는 이름 알지? 만나서 반가워."

호탕하게 악수를 건네는 남자 역시 젠틀한 인상이다. 매일 아침 머리 넷 달린 마차로 동쪽 궁전에서 서쪽 궁전으로 달려갔다가 황금의 배로 다시 동쪽으로 돌아간다고 전해지는 그리스 신화에 나오는 태양신의 이름, 헬리오스다. 그는 첫 만남인 저녁 식사에 소고기와 초콜릿을 건네준다. 베풀기를 좋아하는 카미노의 생리를 잘 아는 문 군도 그에게만큼은 다른 직감을 가진다.

'이 친구는 카미노라서 베푸는 게 아니야. 원래 친절한 성격이군.'

느낌이 좋은 두 길동무가 생겼다. 이 밤, 패닉에 빠진 덤벙 대마왕 문 군에게 반전이 없었더라면 그는 육즙이 터져 나오는 돼지고기 맛을 제대로 음미할 수도, 방명록에 차분하게 소감을 적을 수도, 새로운 순례자들과 환한 표정으로 인사 나눌 수도 없었을지 모른다.

잃어버린 물건을 극적으로 다시 찾았을 때나 오랜만에 꺼내 든 옷 주머니에서 무심코 지폐를 발견했을 때의 기분은 언제나 최고다. 돼지고기 냄새에 취해 지나치게 기분이 업된 탓일까? 문 군은 침대에 누워서도 깔깔깔, 자꾸만 터지는 웃음을 막지 못하고 있다.

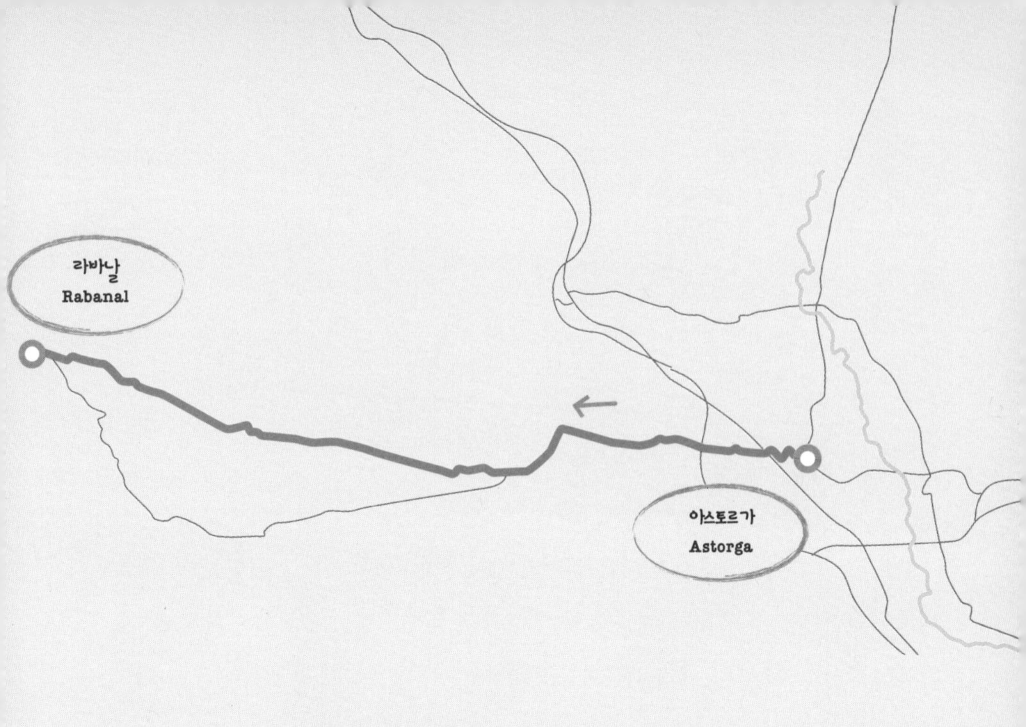

아스토르가 → 라바날

맨발의 청춘, 몸도 마음도 고달프다

깊은 밤, 숙면에 어려움을 느낀 문 군이 조용히 응접실로 나온다. 지금쯤은 여독으로 침대에 파묻혀야 할 텐데 피곤함이 지나쳐 수면을 방해하고 있다. 넷북에 간단히 일기를 작성하고 테이블에 놓인 순례자들의 흔적을 뒤적거린다. 알베르게 방명록은 언제나 감정선을 감질나게 터치한다. 각자가 가는 길에 의미를 부여하고 또 자신을 돌아본다. 혼자 걷는 이, 여럿이 걷는 이, 만남과 헤어짐, 다시 재회하는 이것들이 하나하나 소중한 추억으로 남겨져 있다.

한 장 한 장 넘기며 공감으로 텅 빈 공간을 채우고 있을 때 한 구절이 문 군의 가슴을 날카롭게 파고들었다.

'오늘도 나는 맨발 순례를 했다.'

맨발 순례라니. 순간 머릿속 전구가 불을 켠다. 남의 비밀을 몰래 훔쳐보기라도 하듯 문 군의 맥박이 펌프질하기 시작한다. 일단 숨을 죽이고 그 날의 순례일기를 뚫어지게 쳐다본다. 진정 어린 순례자의 고뇌와 반성이 한 줄 한 줄 차분하게 쓰여 있다.

'그래, 맨발로 간다. 육체의 고난이 죄를 사하거나 고뇌를 사라지게 할 수는 없지만 참회하는 마음으로 걸어보자.'

다음 날 아침, 그는 순례자 한 명을 야심 찬 계획에 끌어들인다. 존이다. 자신은 뭐든지 탱크처럼 해결하는 강한 남자라며 허세를 부리지만 알고 보면 소심하고 여린 면이 많다는 걸 지난번 자전거를 건넬 때부터 파악하고 있던 터다. 둘은 맨발로 카미노를 만끽하자

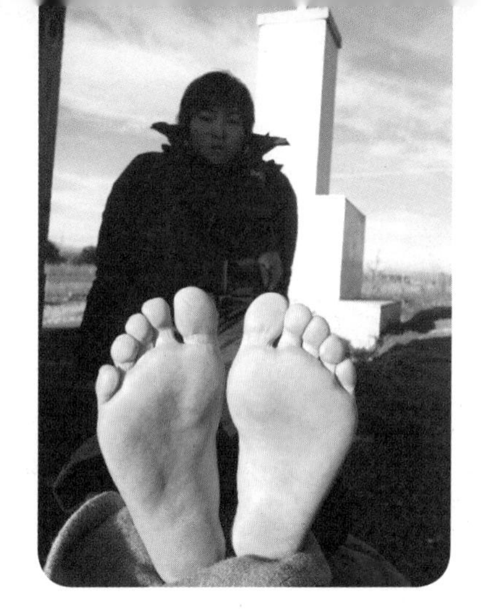

며 의기투합한다. 지켜보던 산티는 난감한 표정이다. 헬리오스는 격려한다. 그들만의 상상 속에서 겨울 카미노의 로맨틱하고도 위대한 도전이 시작된다.

양말을 벗고 첫발을 내디뎠을 때 그 느낌이란 것이 참으로 오묘하게 찌릿했다. 응달진 곳의 보도블록 바닥은 마치 얼음장 같고, 발등을 뒤덮는 한기만으로도 몸서리치기에 충분하다. 시작부터 고비다. 발바닥은 벌써 굳어가고 있다. '1월의 길이란 게 뭐 다 그렇다'고 서로 다독인다.

"30분 있다 햇살이 비치면 금방 괜찮아질 거예요."

30분이 흘렀다. 여전히 차갑다.

"더 얼어 죽겠는데요?"

"아직 땅이 데워지지 않아서 그래요. 조금만 기다려 보자고요."

또 30분이 흘렀다.

"저기…… 너무 차가워 동상에 걸리는 건 아니겠죠?"

굳어버린 발바닥이 제구실을 하지 못하고 있다. 발바닥을 '공벌레'처럼 오므리니 자꾸 휘청댄다. 행여 유리조각이나 날카로운 물질에 찔릴까 바닥도 조심스레 훑는다. 신음이 새어 나온 건 오래전 이야기, 지나가던 할머니가 멈춰 서서 보더니 손을 내저으며 경악

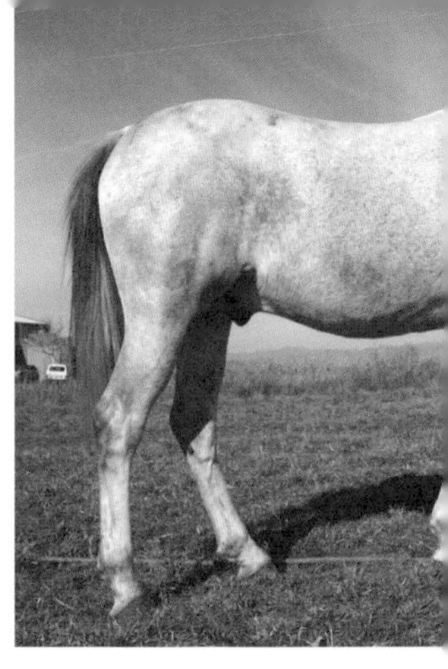

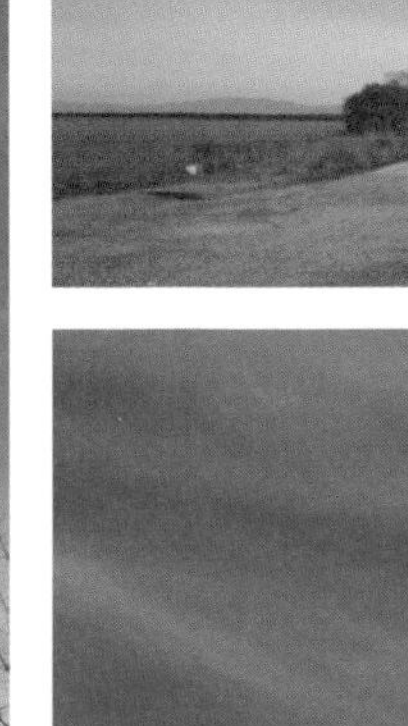

ASTORGA

한다.

“이봐요, 지금 몹시 추워요! 빨리 신발 신으세요.”

걱정해주는 고마움이 보인다. 둘은 안심부터 시킨다.

“괜찮아요, 할머니. 우리는 순례자라 일부러 이렇게 다니는 거예요.”

둘은 뚝심 있게 밀고 나간다. 거창한 목표에 체면이 덧씌워진 상황이다. 말할 수 없는 고통을 삼키는 와중에 먼저 포기를 얘기하기는 서로가 데면데면한 상황이다. 그즈음 온몸과 정신으로 자연을 껴안는다는 산티가 천천히 뒤따라 와 몸 상태를 묻는다. 둘은 동시에 ‘오케이’ 사인을 보낸다.

하지만 곧 뜻하지 않은 고비를 만난다. 자갈길이다. 작은 돌들이 빼곡하게 쌓인 길, 몽실몽실 둥글면 좋으련만 이제 막 깨 놓은 것처럼 뾰족하기 그지없다. 지압도 이런 지압이 없다. 한여름 햇빛에 달궈진 지열이라면 차라리 목도리도마뱀처럼이라도 갈 수 있겠다. 그런데 이건 아니다. 서너 걸음 떼려 해도 독한 정신력으로 이를 악물어야 한다. 다른 이들은 대관절 이 길을 어떻게 맨발로 갔단 말인가? 둘은 도탄에 빠진다. 그때 문 군이 슬며시 운을 뗀다.

“춥고, 아픈데, 남은 여정을 생각해서라도 신발 신는 게 좋지 않을까요? 다른 순례자들은 이미 중간 지점에 가 있을 것 같아요. 그렇다면 많이 뒤처지는군요. 게다가 앞으로 계속 오르막인데.”

그러면서 마지막 자존심 한 가닥은 놓지 않는다.

“하지만 그대가 끝까지 걸어가겠다면 나도 함께 완주하겠어요.”

먼저 제안한 건 그인데 말이다. 존은 잠시 고민하는 척하더니 못내 아쉽다는 제스처를 거하게 한 번 취하고는 신발을 신자고 대답한다. 신세계란 이런 것일까? 겨울 도보 여행의 신기원은 등산화가 이뤄낸 거라며 호들갑이다. 시속 3km로 걷던 둘은 이제 시속 6km의 질주를 시작한다. 발엔 어느새 봄이 찾아왔다.

차가운 겨울 계곡의 정취를 맛볼 수 있는 파뇨테 다리Puente de Pañote를 건너고, 이라고Irago 산맥이 가까워지면서 바람은 점점 거세진다. 빈들 풍경에서 이제는 서서히 나무들이 보이기 시작한다. 카미노에서 가장 번잡하지 않은 길을 걸은 하루, 알베르게 문제로 오늘은 라바날Rabanal에서 멈춘다. 몸도 마음도 고달팠던 맨발 순례는 그렇게 실패로 끝났다.

덕분에 한 번쯤 생각해 볼 것이 생겼다. 문 군은 그간 찬밥 신세였던 발의 노고를 헤아려 본다. 고생해서 걸어가 주면 마지막엔 고린내 난다고 얼마나 타박했던가. 속옷 갈아입는 건 민감하면서 양말은 왜 이삼일씩 무덤덤하게 신었던가. 손톱은 예쁘게 깎고 다듬으면서 발톱은 왜 때가 차도록 내버려 두었던가. 누워있으면 움직이기 싫다고 왜 손 대신 발을 이용해 일을 처리하는가. 그는 이제부터라도 발의 노고에 대한 재평가가 시급하다는 생각에 정성스레 비누칠을 하고, 구석구석 빠진 곳 없이 마사지한다.

문 군은 불길이 살아 춤추는 화로에 앉아 저녁을 기다리고 있다. 헬리오스의 처남이 격려차 방문해 부분 동행한단다. 새로 카미노에 합류한 그가 신고식 겸 슈퍼에서 음식을 구입해 왔다. 잠시 뒤, 순대 맛과 흡사한 모르시야와 소고기 스테이크, 계란볶음밥, 파스타 등으로 성대한 상차림을 연출한다. 콜라와 와인도 빠지지 않았다.

"하비Javi라고 해. 그러니까 헬리오스의 아내가 내 누이야. 지금은 헬스장을 운영하고 있

지. 헬리오스에게 네 얘기를 들었어. 맨발로 걸어왔다며? 그 용맹함 대단해. 문, 너 외롭다는 소문이 자자해. 너에게 내 막내 여동생을 소개해 주고 싶은데 말이야. 이제 스물한 살에 어여쁜 프로테스탄트 신자 아가씨야. 어때?"

"정말인가? 당신 말대로 미모를 보장할 수 있는가? 소개해준다는 말이 진심인가?"

"이봐, 내가 왜 거짓말을 하겠나? 순례 끝나고 우리 집에 놀러 와. 재워주고 먹여주고 동생도 소개해 줄 테니까. 그리고 당장 페이스북 친구부터 맺자고!"

"아, 초대는 고마운데 소개는 사양할게. 물론 페이스북 친구는 맺자고."

"싱겁긴. 암튼 앞으로 재밌게 걸어보자고, 친구."

초면에 문 군에게 던지는 말이 범상찮다. 넉살 좋은 친구다. 헬스장을 운영한다는 그의 휴대폰에는 수많은 여성 회원과 함께 다정한 포즈를 취하며 찍은 사진들로 가득하다. 그가 결혼을 미루는 이유 중 하나란다. 우람한 근육질의 사나이가 장난치는 게 밉지가 않다. 실은 그의 성실함과 자상함에 대해 헬리오스에게 미리 전해 들었기 때문이다.

같이 맨발 순례한 존 역시 하비가 요리한 음식에 오늘의 고단함을 잊은 듯하다. 둘은 그 이후 같이 있는 공간에선 맨발의 '맨'자도 꺼내지 않는다. 맨발 순례로 자신을 돌아본 건 오늘로도 충분하단 얘기가 마지막 나눔이었다. 다만 남성미가 물씬 풍기는 하비에게만은 기선제압용 멘트를 날리는 데 주저하지 않았다.

"하비, 우리 내일 한 번 맨발로 걸어보지 않을래?"

문 군은 순간 그가 대답 대신 정색하는 표정을 짓는 것을 영상으로 찍어 만천하에 공개하고 싶다는 생각이 들었다.

 라바날 → 폰페라다

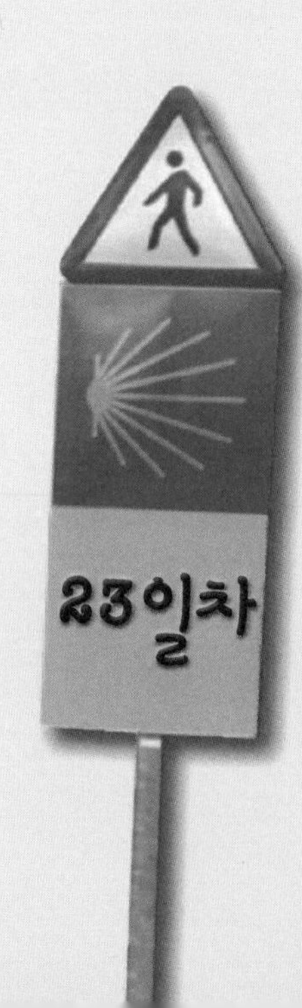

죄가 많아 움직여지지 않는 돌

오전 8시, 세상은 아직 청색의 기운으로 뒤덮여있다. 문 군은 어제 잠자리에 들면서 험준한 이라고 고갯길을 혼자 걸으리라 작정한 터다. 카미노에서 자전거는 어느 순간 애물단지가 되어 버렸다. 고개를 넘을 때마다 끙끙대며 밀고 가느라 매번 도움을 받아야만 했고 문 군은 몇 번을 미안해했는지 모른다. 그래서 가장 먼저 문을 박차고 나왔다. 과장 조금 보태 바늘땀 한 번 뜰 수 있을 정도로 솜털 같은 눈들이 빽빽하게 쏟아진다. 눈밭에 첫 발자국을 남기는 기분이 묘하게 긴장되면서도 로맨틱하다.

벗과 함께 도란도란 얘기 나누는 것도 좋지만 차분히 고독을 즐기는 것도 걷는 여행의 묘미다. 마을을 벗어나 투리엔소 계곡을 막 지날 때쯤 저 아래서 순례자들의 행렬이 시작된다. 평범한 대화도 골짜기를 타고 올라오니 사람 목소리가 이리도 고운 줄 처음 안다. 눈발은 더욱 거세지고 문 군은 몸을 잔뜩 옹그린다. 아무래도 더 이상 낭만을 논하기는 어려울 것 같다.

오늘 루트대로라면 카미노 데 산티아고에서 지대가 가장 높은 곳 중에 하나를 넘어야 한다. 하지만 1,500m가 넘는 길을 혼자서 멋지게 넘으리란 문 군의 장밋빛 환상은 이내 깨졌다. 경사는 급해지고, 폭설은 멈출 줄 모르며, 연이어 공포의 진흙길이 나온다. 이겨진 진흙은 풀 먹인 것처럼 찰싹 달라붙어 바퀴가 굴러갈 생각을 않는다.

잠시 후 순례자들이 하나둘 그를 따라잡기 시작한다. 폭설 속에 실루엣을 보니 첫 주자는 체력 좋은 헬리오스나 하비가 아닌 의외의 인물 재희였다. 그녀는 카미노 여정 초반,

순례자들의 눈물과 땀을 짜내는 난코스로 악명이 높은 진흙투성이의 가파른 페르돈 언덕에서도 자전거를 밀어 위기에서 탈출하게 해준 적이 있다. 이번에도 그녀는 역시 별다른 선심성 멘트나 살가운 표정 없이 문 군의 자전거를 밀기 시작한다. 칼바람이 뺨을 갈기고, 맞바람에 눈을 게슴츠레 떠야 하는 상황이라 다들 마스크까지 무장한 상황이다.

"됐어! 해냈어! 고마워요!"

숨을 헐떡이던 문 군이 환호한다. 산으로 통하는 언덕 진흙길과 사투를 벌이고 마침내 평지에 올랐을 때 땀으로 젖은 그가 희열감에 빠진다. 둘 다 기진맥진한 상황, 그녀가 아니었으면 문 군은 난처함에 카미노 한복판에서 표류했을지 모른다.

"더 안 도와줘도 되겠어요?"

"그럼요. 여기서부턴 혼자 갈 수 있거든요. 이 정도쯤이야. 고마웠어요, 정말."

누군가의 도움이 부담스러워 먼저 나선 길. 그러나 살아가면서 뜻하지 않은 도움이 필요할 때가 있다는 걸 알게 된다. 동시에 뜻하지 않는 도움을 줄 때가 있다는 것 또한 경험하게 된다. 중요한 것은 주거나 받는 위치에서만 있을 수는 없다는 사실. 내 삶을 밀어주는 누군가가 있고, 또 내가 끌어주는 누군가의 삶이 있음을 이 카미노가 거듭 상기시켜 준다. 그렇게 세상은 관계를 통해 일을 하고, 일을 하면서 관계를 만들어 나간다.

위기를 벗어난 문 군이 한숨을 돌린다. 잠시 후, 긴장이 풀어지고 여유롭게 주위 경관을 만끽하던 그의 동공이 확대되고 모골이 송연해진다.

"하아, 이게 아닌데. 저, 재……재희씨! 재희씨? 저기요! 잠깐만요! 나 좀 도와줘요!"

또다시 가파른 진흙길이 그의 눈앞에 펼쳐진다. 전보다 한 단계 업그레이드된 난이도

MEXICO
SCHRETZHEIM 1906 KM
GALIZA 70K
GATOVA 712 Km
SANTIAGO 222 Km
ROMA 2475 Km

Camino
de
Santiago

의 코스다. 멀찌감치 앞서 가던 재희가 피식한다.

눈바람을 뚫고 걸은 지 두 시간 반여. 8km 정도 걷자 1,505m 정상에 우뚝 선 철의 십자가가 모습을 드러낸다. 신의 은총을 빌던 이들이 십자가 주위로 돌무더기를 만든 흔적이 보인다.

"자신의 죄만큼 무거운 돌을 들어 저 더미 위에 옮겨 놓고 기도해야 해요."

문 군을 앞질러간 순례자들은 각자 자신의 죄만큼 크고 무거운 돌들을 품에 안고 돌무더기로 올라가 얹어 놓았다. 이곳에서의 짧은 휴식은 자신을 돌아보는 숙연한 시간이 된다. 누구나 죄를 짓고 살아가지만 누가 그 죄의 경중과 크고 작음을 판단할 수 있을까? 어떤 이는 그런 신념으로 주먹만 한 돌을 가지고 올라간다. 한 순례자가 의문을 제기하자 그가 천연덕스럽게 대꾸한다.

"신이 모든 걸 용서하시잖아요. 예수님이 십자가를 대신 진 거 아닌가요? 그러니 나는 이만한 돌로도 충분한 겁니다."

무신론자인 그의 대답이 오히려 기독교인의 고백보다 훨씬 경건하다. 문 군 역시 체면치레하기에 적당히 보기 좋은 녀석으로 하나 골라 올라가려는 속셈이다. 그런데 난감한 일이 생겼다. 양손으로 들어 올릴 만한 돌을 찾아 드는데 생각보다 꽤 무겁다. 그는 엉거주춤하다 그대로 돌을 놓쳐버렸다. 옆을 보니 더 재밌는 현상이 일어나고 있다. 프로테스탄트 교회에 다닌다는 건장한 청년조차도 쉬이 돌을 옮기지 못해 당황한 기색이다. 심리적인 탓일까?

"아무래도 말이죠, 난 '포클레인'이 필요한 것 같아요."

"그럼 난 기중기가 필요하겠군요."

실없는 농담으로 쉬고 있던 순례자들이 깔깔거릴 때 문 군은 괜히 찔린 기분으로 십자가를 바라본다.

'돌 하나 옮기는 게 이토록 어렵다니. 내 죄가 무겁긴 무거운 모양이구나.'

철의 십자가에서 봉우리 하나를 더 넘은 후로는 계속 내리막이다. 숲 속으로 난 꼬부랑 오솔길들을 급한 걸음으로 내려오니 깎아지른 절벽의 풍경과 군데군데 솟아있는 오래된

교회의 예배당이 가던 걸음을 멈추고 호흡을 차분하게 한다. 그렇게 산촌 시정이 사라지고 번듯한 마을이 나올 때 비로소 물줄기 흐르는 소리가 들린다. 메루엘로 강Rio Meruelo을 건너 만난 몰리나세카Molinaseca의 전경이 아기자기하고 앙증맞다.

문 군은 이곳에서 하룻밤 묵는 건 어떨까 생각하다 도리질을 하곤 폰페라다Ponferrada까지 가기로 한다. 폰페라다에 사는 유일한 교민 가정이 라면과 김치를 판매한다는 최신 속보가 인터넷에 떴기 때문이다. 자녀의 건강을 생각하는 한국의 어머니들로부턴 천덕꾸러기 취급을 받기 일쑤지만 한국만 떠나면 자양강장제와 만능 특효약으로 작용하는 라면 소식에 문 군 발걸음이 힘이 난다.

라면 구입을 위해 숙소에 짐을 풀고 다시 30여 분 밤거리를 걸어간 집념은 저녁 식탁에 기어코 뜨끈한 라면 국물과 김치를 올려놓게 만들었다. 양념 돼지고기구이가 더해진 만찬은 오전의 고생도 오후의 회개도 모두 감사로 아우르는 오늘 하루 최고의 희락이 된다. 힘겨워하던 자신의 뒤를 밀어주던 이와 고통스러워하던 자신의 짐을 대신 떠안아주던 이를 만날 수 있었던 카미노에서의 하루는 누구에게나 신 나는 화제가 된다.

시끌벅적하던 알베르게의 웃음이 잦아들고, 라면의 황홀한 여운이 사라질 때쯤 문 군은 침대 속으로 파고 들어갔다. 감기는 눈꺼풀에도 그는 진흙길과 십자가를 묵상하면서 겨울밤의 추위를 잊으려 한다. 누구나 인생의 긴 여정을 밟는 순례자이며, 모든 이는 날마다 자신만의 카미노를 걷고 있다는 것, 그 길에서의 만남 하나하나는 또 얼마나 애틋한지.

"문 군, 내일 아침엔 내가 맛있는 식사 차려줄게. 기대해."

헬리오스가 속삭이는 말에 배시시 웃다가 그 뒤로는 기억이 없다. 아마도 행복한 꿈을 꾸고 있나 보다.

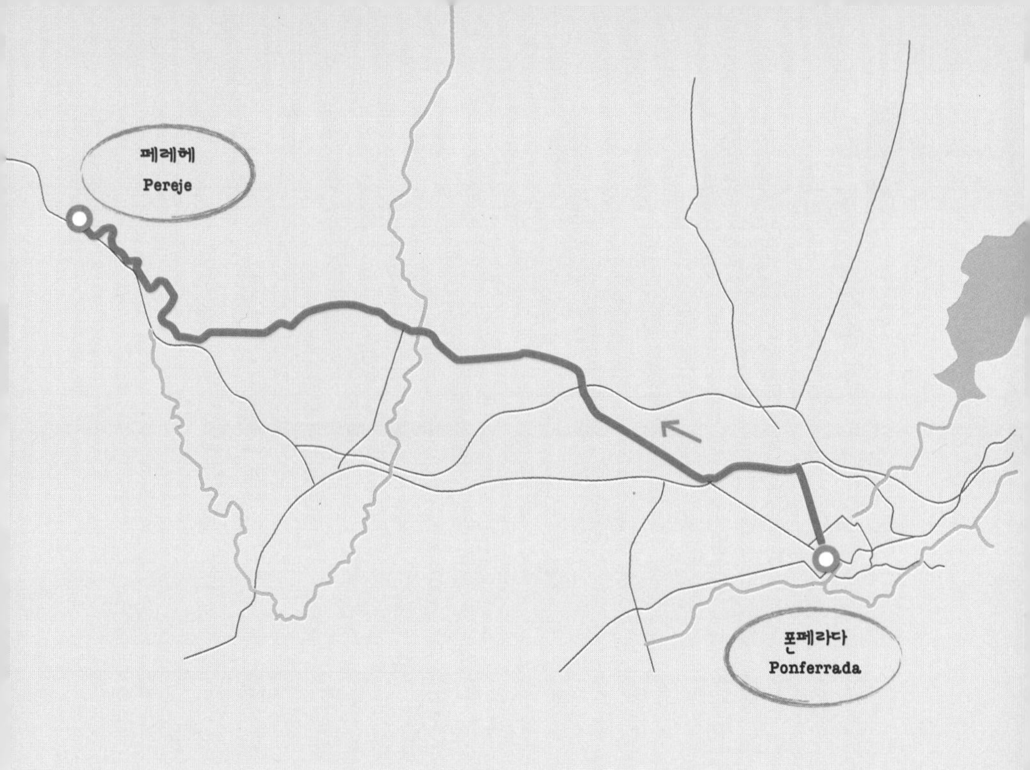

 폰페라다 → 페레헤

처남과 매제, 노총각이 함께 걷는 길

아침을 깨우는 소리가 왁자지껄하다. 헬리오스 혼자 주방에서 바삐 움직인다. 순례자의 아침은 간단한 시리얼이나 빵, 그리고 차와 커피 등이 일반적이다. 하나 카미노 길벗들을 위하겠다는 그의 헌신적인 마인드 덕분에 다들 아침부터 김이 모락모락 나는 맛있는 계란볶음밥을 먹을 수 있게 되었다. 카미노를 걷는 내내 순례자들은 아낌없는 베풂이 주는 풍성한 기쁨을 체득해 가고 있다. 받는 이들도 함박웃음이지만 헬리오스의 표정은 순박함이 가득한 아이의 모습이었다.

문 군은 오늘도 아침 일찍 문을 나선다. 전날 밤늦게 만난 페르민Permin은 그의 개 코난을 데리고 순례 중이다. 카미노에서 개를 데리고 도보 여행하는 것은 이젠 더 이상 화젯거리가 되지 않는다. 다만 그의 여행 동기는 독특한 면이 있다.

"혼자냐고요? 천만에요. 자녀가 셋이나 있어요. 와이프도 아주 잘 지내고 말이죠."

"그런데 왜 순례를 하는 거죠? 개를 데리고 순례하는 다른 이들은 보통 혼자 살던걸요."

"오, 난 그렇지 않아요. 분명 아내의 허락을 받고 나온 길이에요. 조금 더 나은 남편과 아버지가 되기 위해서죠. 다들 가정을 두고 떠났다고 하면 이상한 시선을 보내더군요. 단지 몇 달 뿐이에요. 이 시간 동안 다른 순례자들이 그런 것처럼 나 역시도 내 위치와 역할에 대해 곰곰이 생각해 볼 시간을 가질 거예요."

"개는 그렇다 치고 기타도 가지고 다니는군요?"

"기타와 개는 나에게 가장 친근한 동료이자 의지가 되는 존재이니까요. 낭만을 즐길 줄

아는 순례자에겐 꼭 필요한 것이랍니다. 가끔 들판에 앉거나 교회에 들어가 기타를 연주하면서 그리움을 견뎌내죠. 코난 이 친구도 음악을 즐길 줄 안다니까요."

산티아고 순례 루트 중간에 위치한 산토도밍고에 사는 그는 프랑스 길이 끝나면 계속해서 포르투갈 길을 가겠단다. 그를 보니 문 군은 문득 이탈리아 순례자 안젤로의 천연덕스러운 농담이 생각난다.

"내가 가정을 두고 혼자 여행한다고 집에 남은 와이프가 서운해할 거라고? 천만에! 아마 와이프가 더 좋아할지도 몰라. 골칫덩어리를 보내고 완벽한 자유를 얻었으니까!"

오늘 문 군의 동행자는 헬리오스와 하비다. 하비의 여동생이 헬리오스의 아내니 둘은 처남과 매제 사이. 여기에 마인드는 청년, 얼굴은 노년인 노총각 문 군이 합세한다. '진퉁' 스페인 길동무가 함께하니 문 군은 마냥 든든하기만 하다. 아침 찬바람에 나와 예배당 안과 밖에 순례자 벽화가 그려진 콜룸브리아노스Columbrianos의 산 블라스 교회San blas에서 잠시 쉰 걸 제외하곤 계속 전진이다.

순례자를 위한 숙소 및 레스토랑, 카페와 기념품점이 많은 카카벨로스Cacabelos에 도착한 건 정오 무렵이다. 언제부턴가 시골길을 걷다 붐비는 길에 들어서면 마치 산세에서 속세로 들어온 수도사처럼 문 군은 살짝 혼란스러워짐을 느낀다. 게다가 순례 중인데 자꾸 현

세적인 것들에 마음을 빼앗기는 것이 온당한 자세인가에 대해 끊임없이 갈등 중이다.

반듯한 걸음이 자꾸 풀려 쇼윈도로 방향을 틀게 된다. 차분한 풍경이 아닌 화려한 현대식 간판에 시선이 꽂힌다. 혀는 더욱 심하다. 냉정하게도 속세의 달콤함을 또렷이 기억하고 있다. 빗방울이 후드득 떨어지고 식사를 위해 들어간 레스토랑, 문 군은 밥과 우유, 설탕을 섞은 맛이 나는 '레체 콘 아로스'를 주문한다. 계핏가루를 넣은 맛이 꽤 괜찮아 시장함을 달래는 데 안성맞춤이다. 애피타이저로 나온 빵 역시 구수하다. 올리브 기름과 소금에 찍어 먹는 맛이 이렇게 풍부할 수가 있나 그저 놀랄 따름이다.

모든 식사의 후식에 콜라가 빠지면 문 군은 섭섭하다. 누가 카미노 데 산티아고를 와인의 길이라 칭했는가. 콜라 두 병을 홀짝 마신 뒤라야 개운함을 느끼는 문 군의 미소에 이고장 레드 와인으로 입가심을 한 헬리오스가 만족스러운 듯 시선을 맞춘다. 아침에 모든

순례자들을 챙겨주었던 그가 이번엔 문 군을 위해 선뜻 점심값을 지불하겠단다.

"네가 손님으로서 우리나라를 여행하는데 당연히 내가 내야지. 대신 내가 한국에 놀러 가면 그땐 네가 사."

"그럼, 내 것도 같이 내는 거야?"

"처남, 거 참, 우리 건 각자 따로 냅시다. 하하, 농담이야. 내가 낼게."

"정말 고마워. 둘 다."

"뭘, 우린 이미 가족이잖아!"

"근데 잠깐, 지금 보고 있는 사람이 헬리오스 네 와이프야?"

"응, 결혼한 지 채 1년이 되지 않았어. 한 번 볼래?"

"오호, 매력적이군. 역시 남자는 다 똑같아."

"당연하지, 세상에서 가장 아름다운걸. 게다가 상냥하고, 긍정적이기도 하지."

"맙소사, 문 군, 그는 내 여동생을 끔찍이 사랑한다고. 착각에 빠진 거야. 난 동생과 매일 싸웠기에 적나라한 실체를 알고 있는데 말이야."

카미노 순례 초반 앙헬과 다비드의 따뜻한 품을 기억하는 문 군에게 새롭게 다가온 두 남자. 어느새 정이 들어 하루 종일 같이 길을 걸으며 서로의 속을 나누는 사이가 되어간다. 와이프 사진을 보고 연신 '하트 뿅뿅'이 되는 헬리오스와 그런 그와 가장 막역한 친구가 된 하비.

오래된 교회 건물을 사용하는 카카벨로스(Cacabaelos) 공립 알베르게.

비야프랑카 델 비에르소에 있는 산티아고 성당.

하비는 헬스장을 운영하다 자금난에 부딪혀 골머리를 앓는 중이었다. 작은 중소도시에서 헬스에 투자하는 사람들이 점점 줄고 있기 때문이다. 스페인 경제 부진의 여파는 그 역시 피해가지 않았다. 하비가 헬리오스를 따라 카미노를 걷는 이유 역시 사업을 접어야 할지 모를 지극히 현실적인 문제 때문이다. 그의 고민을 가장 잘 들어주는 이가 매제이니 둘의 대화가 진지해질 수밖에. 얼마 후, 둘의 대화에 한 걸음 떨어져 있던 문 군에게 분위기를 반전시키는 말들이 쏟아진다.

"문 군, 정말이라니까! 카미노 순례 끝나고 우리 집으로 와. 내가 막내 여동생 소개해 줄 테니."

"아니, 지난번부터 왜 그래? 보시다시피 나 별 볼 일 없어. 게다가 네 동생은 너무 어리잖아. 난 스페인어도 그리 잘하지 못하는데 말이야. 믿기 힘든 호의군."

"스페인어야 배우면 되지. 그리고 아시아 남자들이 자상한 편이지 않아? 동생이 무척 좋아할 거야. 말했잖아. 이제 스물한 살에 프로테스탄트 신자라고. 사람마다 다르긴 하겠지만 스페인에선 그다지 나이는 신경 쓰지 않아. 물론 남자 얼굴도 크게 고려하진 않아. 상냥하고, 밝은 친군데 너랑 어울릴 것 같아. 생각해 봐."

"문 군, 이 친구 말이 맞아. 처제 정말 예쁘고 착해. 음, 내가 보증하면 될까?"

신뢰감을 주는 자상한 헬리오스까지 옆에서 바람 넣는다. 이전에도 여동생 얘기로 문 군을 적잖이 당황시키던 하비는 틈만 나면 외로운 남심을 공략한다. 둘은 당황해 하는 문 군 표정이 여간 재미있지 않다는 듯 크게 웃는다. 스물한 살 미모의 숙녀, 본능적으로 끌리지 않을 수가 없겠지만 문 군은 고개를 가로젓는다. '올라가지 못할 나무는 쳐다보지도

않는다'는 그의 신조는 확실하지 않으면 떡밥을 물지 않는 '연애 보수주의'를 고집하고 있다.

"고맙지만 사양할게."

선택에 있어서 때론 담담하게 'No'라고 말할 줄도 알아야 한다. 문 군은 이쯤에서 농담은 그만 하자는 취지로 완곡한 거절 의사를 내비친다. 사실 하비의 눈썰미가 그와 다른 것도 한 이유다. 그가 보여준 휴대폰과 페이스북 사진엔 온통 섹시 레이디들의 향연이다. 그가 관리하는 헬스 회원들과 함께 찍은 사진들이 많은데 터질 듯한 볼륨감이나 시원한 이목구비는 단아함을 덕목으로 여기는 문 군에겐 다소 부담스럽게 다가온다.

그로부터 2주 정도 후였던가. 셋이서 함께한 행복했던 날들이 페이드아웃처럼 사라지고 카미노 데 산티아고 순례를 마친 어느 날, 페이스북 친구를 맺은 셋은 온라인에서 다시 만났다. 반가운 마음에 서로의 안부를 묻는 채팅을 한 뒤, 문 군은 하비의 사진들을 훑어보았다. 그야말로 헬스로 농익은 요염한 몸매들의 향연이었다. 하비 생각에 괜히 키득키득 거리다가 본인 생각에 급격히 서글퍼지면서 투덜대던 그 때, 그러니까 무심코 친구 사이에만 공개된 가족사진첩에 들어가 클릭한 순간, 서글서글한 눈매와 깊고 그윽한 청순한 분위기를 물씬 풍기는 여인의 사진을 보던 문 군의 입에서 옅은 탄식이 새어나왔다.

'이럴 수가, 정말이었다니……. 정말이었다니! 가만, 하비네 집이 어디였더라?'

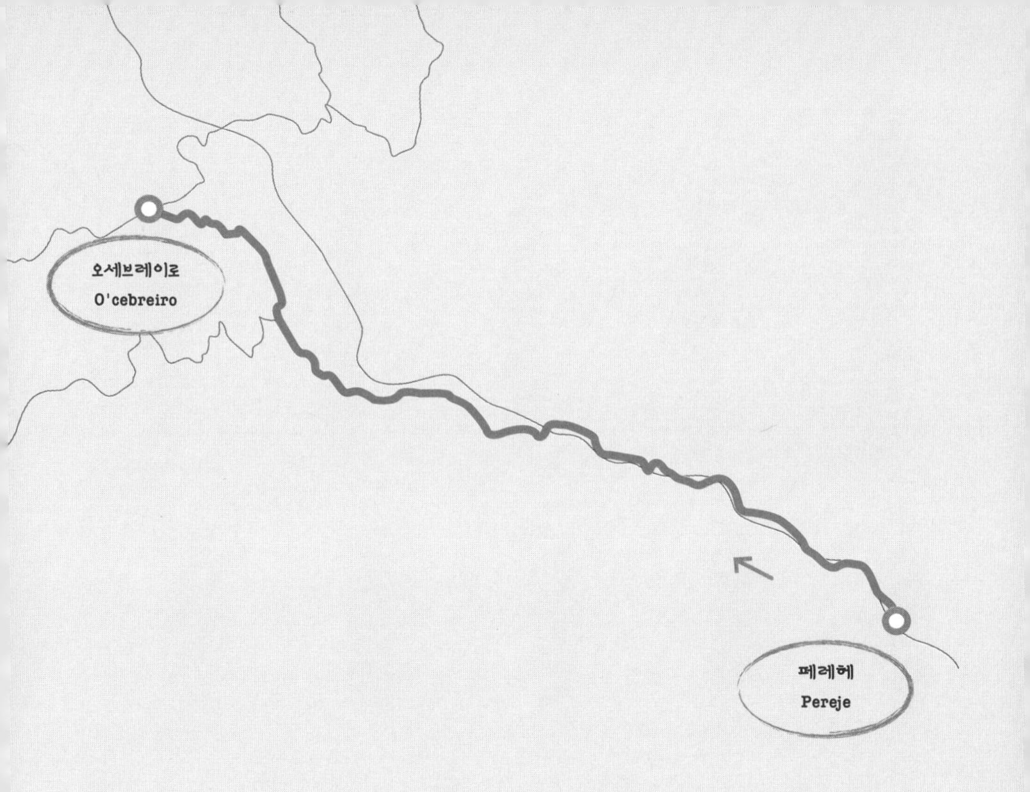

 페레헤 → 오세브레이로

예배당의 천사가 '아마도' 속삭여준 것

'맙소사, 이거 해도 너무하는군.'

카미노의 석양이 지고 있다. 감상에 젖을 풍경이 아니다. 오전에 산을 한 번 넘고, 정오부터 다시 해발 1,300m 고지로 향하는 중이다. 체력 소모로 관자놀이가 울리는 문 군은 순례고 뭐고 못 해먹겠다며 몇 번이나 씩씩대곤 걸음을 멈춘다. 그러나 들어주는 이도, 도와주는 이도 없다. 정상인 오세브레이로O'cebreiro로 가는 길은 두 곳이 있는데 다른 순례자들은 모두 경사가 급한 오솔길을 따라갔고, 문 군만이 자전거 전용 카미노로 빙 둘러가기 때문이다. 답답함에 골짜기에 있을 순례자들을 향해 고함을 쳐보지만 되돌아오는 건 자신의 삐친 목소리뿐이다.

산티아고로 가는 길에 숱한 고비가 있었지만 그때마다 뒤에서 밀어주는 이가 있었다. 이번엔 혼자다. 혼자서 산 중턱까지는 그래도 잘 버티며 가는 중이다. 오세브레이로는 레온이 끝나고, 새로운 갈리시아Galicia 지방의 시작을 알리는 마을이다. 동시에 고된 행군을 통해 정복하는 산 정상의 마을이기에 그 의미가 남다르다. '남다른 의미'는 남다르게 풀어야 한다는 게 문 군의 신념이다.

지난밤, 페레헤Pereje의 숙소는 정말이지 악몽이었다. 시골 펜션 같은 건물을 독차지한다는 낭만적인 기쁨도 잠시, 큰 목조건물에 난방이 전혀 되지 않았기에 그만 동장군의 기습을 허용하고 말았다. 문 군은 몇 벌의 옷을 겹쳐 입고, 슬리핑백에 이불까지 덮고도 밤새

오들오들 떨며 뒤척여야 했다. 아침에 그는 침낭에서 빠끔히 눈만 내밀고, 십여 분 넘게 기상에 대한 진지한 고찰을 거친 뒤 몸을 바지런히 움직이는 것으로 서슬 퍼런 추위를 녹여야 했다.

근육이 결리고, 뼈마디가 시린 이유는 비단 삼십 대에 접어들었기 때문만은 아니다. 문군은 부실한 잠자리가 불러온 참상을 완벽하게 체감했다. 그저 시장기만 면하기 위해 딱딱한 빵을 기계처럼 씹어 먹는 아침 식사 내내 그는 온수로 샤워하는 이미지 트레이닝을 해야 했다.

문 군은 오전 내내 묵언 수행을 하며 걷기만 했다. 오랜만에 내리쬐는 햇살이 반가워 잠시 쉬었다 가기로 한 곳은 베가Vega, 오늘 목적지까지 가는 길에 마지막으로 마켓이 있는 곳이다. 점심 역시 빵과 주스로 대충 때운 그는 작고 앙증맞은 노란색 교회에 들어가 잠시 묵상하며 심신을 달랬다. 아무도 없는 성스러운 공간에서 혼자 그 고요하고 거룩한 흐름의 한가운데 놓여있다는 것, 작은 감정 하나 숨길 수 없는 신 앞에 홀로 마주한다는 것, 그는 예배당에만 오면 늘 최선을 다하지 않는 삶과 사랑에 대한 부끄러움에 얼굴이 화끈거림을 느낀다. 또한 언제나 옅은 떨림으로 갈무리되는 신의 은총과 자비를 확인하는 순간이 좋기도 하다.

목가적인 풍경이 인상적인 에레리아스(Herrerias)로 가는 길.

베가에서 에레리아스Herrerias로 가는 길은 훌륭했다. 두 시내가 만나 페레헤 강이 시작되는 에레리아스는 강을 따라 지어진 석조건물들이 인상적이었고, 알록달록, 아기자기하게 건축된 몇몇 건물들과 살랑살랑 거닐기에 안성맞춤인 흙길은 흠뻑 빠질 만한 매력을 풍긴다. 무엇보다 봄의 기운이 충만한 색감 어린 이곳에 곧장 짐을 풀고만 싶었다. 하지만 문 군은 계속 올라가도 계속 그 자리인 것만 같은 산길을 끊임없이 올라갔다. 그에게는 오늘 밤, 터질 듯한 기대가 있기 때문이다.

한겨울에 산을 오르는 그의 상의는 이미 땀으로 흥건히 젖어있다. 골짜기에 튕겨져 나온 자신의 목소리를 확인한 그는 다시 물 먹은 걸음이 된다. 방도가 없다. 가다 보면 끝은 반드시 있을 거란 한 줌 희망이 그를 걷게 하는 동력의 전부다. 석양이 옅어지고, 바람이 더욱 거세진다. 젖은 땀이 마르면서 몸이 으슬으슬하다. 급기야 눈발까지 날리기 시작한다. 영혼은 더욱 곤고해진다.

"도착했다!"

각고의 노력이란 말이 무색하지 않던 시간이다. 닿지 않을 듯 멀리서 보이던 산을 넘어 마침내 도착한 마을. 아이와 가벼운 눈인사를 주고받으며 주변을 둘러보는 문 군은 인기척이 느껴지지 않은 데서 뭔가 허전함을 느낀다.

“안녕, 꼬마야. 알베르게가 어디 있니?”

“알베르게는 바로 저 집이에요. 오늘 밤 묵으시게요?”

“응. 혹시 여기 온 순례자들을 못 봤니?”

“아뇨, 못 봤는데요.”

“정말? 그럴 리가 없는데. 여기 오세브레이로 아니니?”

“오세브레이로요? 여긴 라구나Laguna예요. 거기까지 3km는 더 가야 해요.”

“라구나라니? 라구나라니!”

산 정상에 떡하니 위치한 마을은 누가 봐도 종착지다. 그 풍경에 제대로 낚인 것이다. 하긴 마을은 애초에 그 자리에 있었으니 잘못은 섣불리 오판한 그에게 있다. 레온 지방의 마지막 경계를 지키고 서 있는 라구나의 새침을 떼는 표정에 괜한 배신감을 느낀 문 군은 그만 헛웃음이 나온다. 현기증으로 다리가 풀리고, 동공이 풀린다. 아까부터 핸들에 대롱대롱 매달린 정체불명의 까만 비닐들도 덩달아 흔들린다. 그러고 보니 밑에선 보이지 않았던 길이 마을 뒤로 계속 이어진 게 보인다. 또 오르막이다. ‘털썩’, 문 군은 체념한다.

‘이건 말이야, 악마의 농간이야.’

칼바람이 볼을 때리고 눈발이 시야를 가리는 악천후 속에서 마침내 당도한 갈리시아 지방의 첫 마을 오세브레이로. 기진맥진한 문 군 눈에 하얗게 눈이 쌓인 마을의 전경과 그를 기다리던 두 순례자가 어렴풋이 보인다. 예부터 태양이 서쪽으로 지는 것을 확인하기 위해 순례자들이 모여들었다는 이 마을에서 그는 운 좋게도 막 떨어지는 낙조를 보고 있다. 순례자들은 외로운 길을 걸어 꼴찌로 입성한 문 군의 어깨를 토닥거리며, 그가 건넨

Casa
Ferreiro

LA FABA
Cebreiro

반짝반짝 빛나는 비닐봉지를 야무지게 쥐어 잡는다.

카미노를 걸은 이래로 가장 많은 각국의 순례자들이 합류해 모인 저녁, 문 군이 포기하지 않고 꿋꿋이 걸어온 이유를 잘 아는 몇몇은 화색이 돈다. 샤워를 마치고, 식탁에 둘러앉은 문 군도 어느새 얼어있던 마음이 녹아 누구에게나 자비롭고, 인애한 성인군자로 거듭나려는 시간을 맞이하고 있다. 프라이팬에선 영혼을 위로하는 향기가 배어 나오고, 냄비에선 육신을 격려하는 뜨거운 정열이 피어나고 있다.

그렇다. 마지막 마켓이 있는 베가에서 문 군은 고심 끝에 십자가를 맸다. 순례자들과의 상의 끝에 돼지고기, 야채와 음료, 그리고 볶음밥 재료들을 중형 비닐봉지 두 개에 가득 챙겨 산을 오른 것이다. 열은 떨림이 있었던 그 작고 노란 예배당을 빠져나와 눈부신 햇살을 맞으며 떠오른 영감, 산 정상 알베르게에서 돼지고기를 쌈 싸 먹겠다는 순례자의 간절한 염원은 그렇게 이루어진 것이다. 모르긴 해도 그 예배당에서 천사가 속삭여 준거라고 문 군은 그렇게 믿고 있다.

가슴 뭉클한 고기가 익어가는 마을 오세브레이로, 한 순례자의 헌신으로 모두가 행복해지는 밤, 문 군이 다른 순례자들로부터 항상 받아왔던 그것, 카미노는 사랑이다.

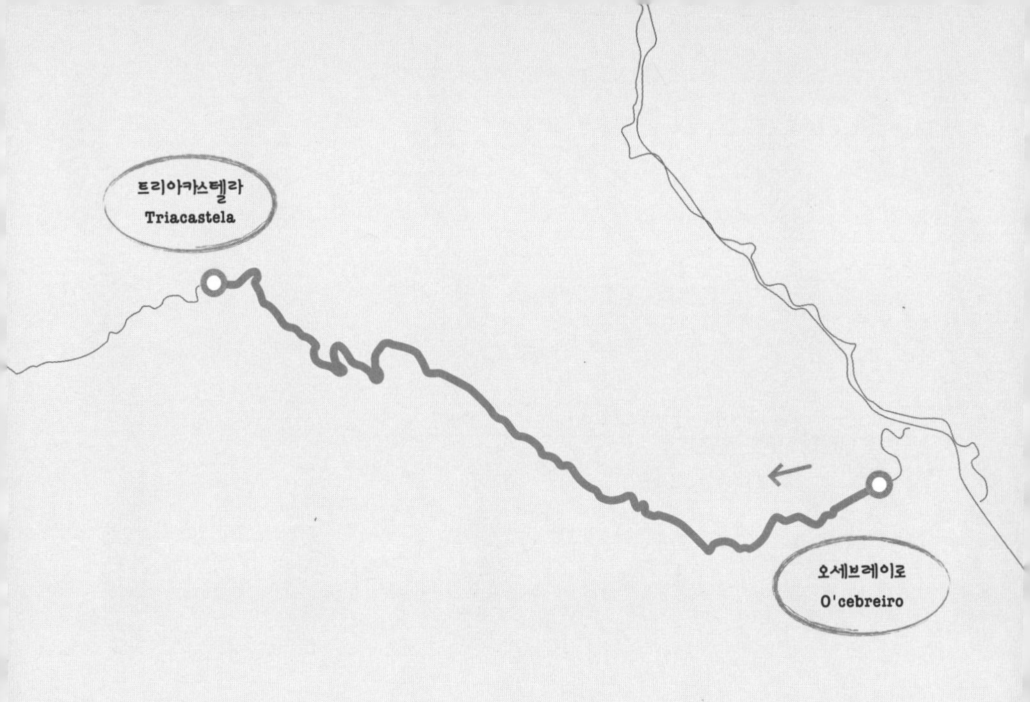

오세브레이로 → 트리아카스텔라

결국, 감사함으로 돌아오는 길

"여기가 아닌가 보네요."

"그러게요. 느낌이 이상하네요."

오늘은 목적지까지 계속 내리막이다. 거리도 짧다. 문 군은 목적지 도착 예정시간을 점심때로 잡았다. 서쪽으로 가는 길은 그저 해를 뒤편에 두고 가기만 하면 되는 일이다. 긴장을 풀었던 탓일까? 잠시 주위를 둘러보던 문 군 눈의 초점이 흔들리기 시작한다. 어디를 둘러봐도 외로이 나 있는 길뿐이다.

이미 한 시간 가까이 걸어왔다. 당황스러움에 걸음을 멈추고 한 동안 멍하니 서 있을 수밖에. 따라오던 존 역시 갈피를 잡지 못하고 있다. 지도대로라면 근처에 교회가 있어야 하고, 오스피탈Hospital 마을이 보여야 한다. 남자 둘이 신 나게 수다를 떨며 오다 보니 문 군은

오세브레이로를 대표하는 건축물 중 하나로 9세기에 지어진 산타 마리아 성당.

존을 믿고, 존은 문 군을 의지해서 벌어진 비극이다.

달콤한 순례는 잊고 현실로 돌아와야 했다. 길을 잃어버렸다. 고심 끝에 결국 다시 출발지로 돌아가기로 한다. 쓰디쓴 실책이다. 이렇게 의미 없이 한 시간 반을 허비한다. 수다로 수를 놓은 두 남자의 길은 돌아오면서 화려한 침묵의 꽃이 핀다. 마을에 도착하니 오직 둘만 정반대의 길로 출발했던 것이 밝혀졌다. 노란 화살표를 따라 꾸불꾸불한 좁은 산책로로 가야 하거늘, 생각 없이 당연한 듯 넓은 길로 가버린 것이다. 늘 '좁은 길'론論을 들어오며 살아온 문 군이지만 막상 닥치면 어쩔 수 없이 편한 길이 좋고, 익숙한가 보다.

순례자들이 모두 떠난 텅 빈 마을. 마지막으로 알베르게 문을 연 카탈루냐 출신 세르지오Sergio가 동행에 합류했다. '삶은 여행이다'라는 철학을 고수해 나가는 그는 자유로운 독신주의자라고 자신을 소개했다. 또한 굳이 스페인이 아닌 카탈루냐 출신이라고 자부심 어리게 강조한다.

"바르셀로나 관광청에서 일해. 정식 직원은 아니고 파트타임으로 하는 거지. 그래도 여행할 만큼의 경비는 생겨. 집도 없고, 차도 없고, 애인도 없거든."

"심심하지 않아? 외롭진 않고?"

"난 내 삶을 즐겨. 뭣 하러 복잡한 것에 얽매이며 살아? 솔직히 지금 내가 벌어들이는 수

입은 나 혼자 즐기기에 적당한 액수야. 그런데 결혼을 하게 되면 지금 이 수입만으론 가족을 부양할 수가 없거든. 딱 내가 먹고, 자고, 여행할 만큼만 벌며 구속받지 않는 지금이 좋아."

자신의 가치관과 정면으로 어긋나는 의견이지만 문 군은 진중하게 듣는다. 한국 정서에서 보자면 걱정스러운 마음이 들지 않는 것은 아니다. 쿨한 척 해보는 세르지오의 언행이지만 뭔가 외로운 느낌을 지울 수 없다. 마스크를 착용한 그는 얼굴을 보여주기 싫어했다. 말투 역시 도도하게 거칠면서도 피하는 구석이 있다. 자신의 인생 이야기를 나누면서 다른 사람들의 얘기, 이를테면 가족이나 친구, 주위 동료 등을 엮는 법이 없다.

그러고 보니 지난밤 알베르게에서 다른 순례자들과 어울리지 않고 철저히 혼자 구석에서 보낸 친구다. 문 군은 그의 배경에 대해 묻지 않기로 한다. 누구에게나 말하고 싶지 않은 비밀은 필요한 법이니까. 다만 그가 카미노를 걷기 원한 이유가 치유가 되길 바라는 마음으로 바삐 걷는 그를 먼저 보내준다.

오후에 문 군은 존의 배낭을 대신 멘다. 몸 상태 때문인지 존의 표정이 좋지 않다. 누가 어떤 어려움을 당할지 모르는 카미노다. 그러니 서로 도와가며 걷는 것이 마땅하고, 그 주어지는 기쁨으로 치유가 되는 곳이 산티아고 순례길이다. 하늘이 기특하게 여긴 걸까. 운 좋게도 카미노 인근 마을에서 만난 무명의 노인이 건네준 딱딱한 빵에 말린 육포로 휴식을 취하면서 점심 한 끼를 해결한다.

한참 후에 뒤따라오던 진이 씩씩거린다. 그녀는 반대로 점심 사기를 당했단다.

"아니, 작은 마을을 지나고 있었어요. 그때 한 할머니께서 손짓을 하지 않겠어요? 그것

도 아주 인자한 미소를 띠면서 말이에요. 나는 그냥 친절한 할머니인가 보다 하고 웃으며 인사를 건넸어요. 그런데 자꾸 집으로 들어오라는 거예요, 차를 주겠다고. 날씨가 춥기도 했으니 차 한 잔 정도야 싶었죠. 카미노에서 차 한 잔 대접받은 경우는 종종 있잖아요? 또 식사는 했느냐고 물어보는 거예요. 아직 안 했다고 했죠. 그랬더니 금방 빵과 치즈, 육포, 수프 등을 차려주는 거예요. 처음엔 괜찮다고 했는데 굳이 대접해주는 거라 고마웠죠, 당연히.

단출했지만 할머니가 차려주신 거라 맛있게 먹고 고맙다는 인사를 건네고 일어나려는데, 글쎄 손을 내밀며 돈을 달라는 것 아니겠어요? 레스토랑도 아니고 해서 좀 황당하긴 했지만 그래도 먹었으니 고마움의 표시는 해야겠다 싶었어요. 그런데 10유로를 달래요. 아니, 지금껏 먹은 순례자 식단에 비하면 조악하기 그지없는데 10유로씩이나 달라고 하는 게 말이 돼요? 결국 어쩔 수 없이 다 주고 나왔어요. 너무 속상해요. 그럴 거면 처음부터 가격에 대해 말을 하던가요. 마치 초대한 것처럼 행동해 놓고선 돈을 달라니. 내가 스페인어도 못하고 어린 여자라고 만만하게 본 것 같아요."

한 끼 식사비로 치부해 버리면 될 10유로는 큰 문제가 아니다. 순례자 중 유일한 십 대 말괄량이지만 지금껏 곰살궂게 다른 순례자를 챙겨주던 그녀다. 그런데 카미노에서 처음으로 누군가에게 직접 섭섭한 일을 당했다. 다른 것도 아니고 순례를 하고 있는 와중에 현지인에 대한 신뢰에 금이 가는 것에 대해 열아홉 살 소녀는 깊은 상실감을 느끼고 있었다. 쓰라린 마음에 표정이 울상이다.

"아무래도 시골에 살다 보니 형편이 어려운 할머니가 돈이 궁했나 봐요. 너무 마음 쓰지

말고 기부했다 생각하세요. 지금껏 감사한 일이 많았잖아요."

트리아카스텔라Triacastela에 도착해서 먹은 따끈한 크림 파스타가 그녀의 마음을 녹였나 보다. 공립 알베르게는 저렴하지만 부엌이 없고, 인터넷 와이파이도 되지 않아 문 군은 오랜만에 사설 알베르게에 여장을 푼다. 어제까지 흐렸던 날씨는 오늘 눈부시게 푸른 하늘을 선사해주고, 아담한 작은 마을에서의 산책은 갑갑했던 마음에 쉼을 안겨준다.

순조로울 것 같았던 오늘 여정에 작은 복병들이 있었지만, 그것들이 문 군이나 다른 순례자들의 여정에 큰 영향을 미치지는 않았다. 결국 목적지에 무사히 왔고, 좋은 알베르게를 찾아냈으며, 섭섭함과 고단함을 싹 잊을 맛있는 저녁 식사와 샤워 후 잠자리에 들 때 보드라운 이불 속으로 파고 들어가는 것으로 하루의 감사함을 느낄 충만한 희열을 맛봤다.

작은 문제들을 애써 하나하나 집착해 대응하기보다 마지막 결승선에서의 상황을 마음에 선명하게 그린다면 지나간 것들도 모두 약이 되든, 추억이 되든, 어쨌건 감사한 시간으로 남을 것이다. 아침부터 길을 잃고 허둥댄 것에 대해 이미 깨끗하게 잊고 세상 모르게 태평한 꿀잠을 자는 문 군이나 존처럼.

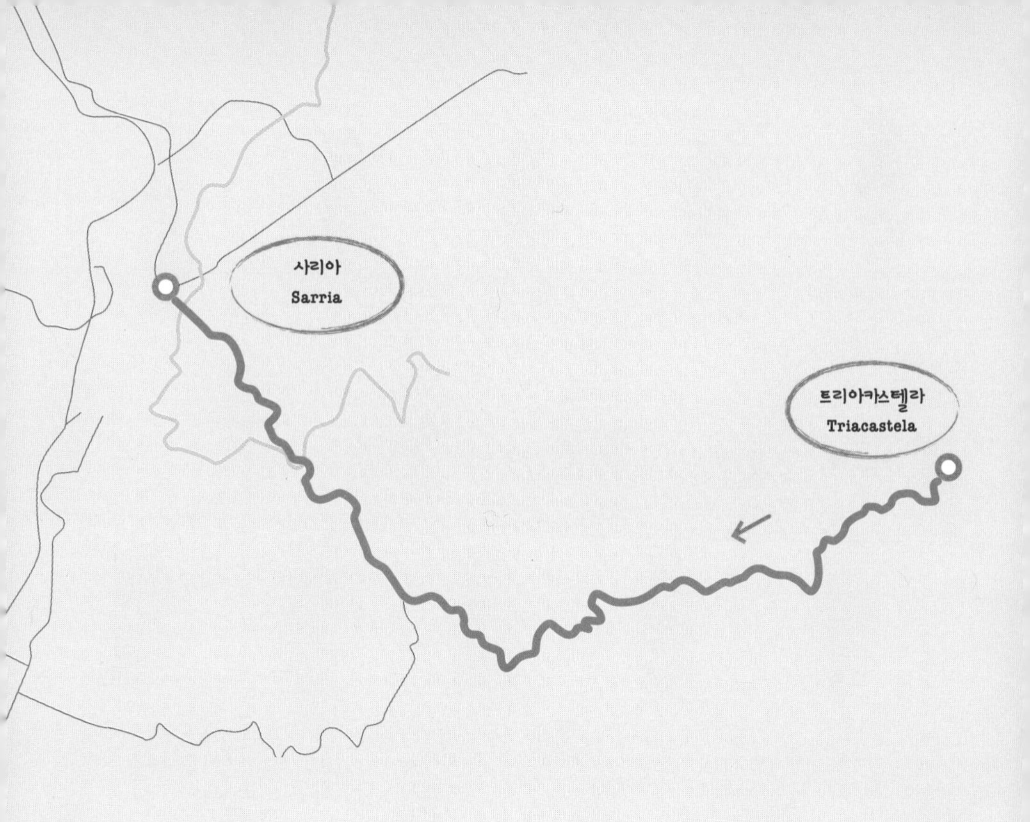

 트리아카스텔라 → 사리아

"이 길에서 당신을 만난 것이 가장 큰 행운입니다"

"El Camino te Enseña A Quererte, Querer A Los demas, A ser tu mismo(길은 자신을 사랑하게 하고, 다른 사람을 사랑하게 하고, 당신 자신이 되게 한다)."

새벽에 눈이 내렸다가 아침부터 비로 변한다. 추적추적 내리는 비와 녹은 눈이 신발과 옷에 젖어들어 아침부터 순례자들의 발걸음이 무겁다. 출발지인 트리아카스텔라에서 오늘 목적지인 사리아Sarria까지는 25km, 조금만 서두르면 늦은 점심땐 도착할 수 있는 거리다.

시작부터 두 갈래 길로 나뉜다. 여기서 헤어지면 20km 떨어진 아기아다Aguiada까지는 만날 수 없다. 오리비오 강Rio Oribio을 따라가는 왼쪽 길은 비교적 평탄한 대신에 목가적인 마을을 끼고 돌아가고, 오른쪽 길은 짧은 대신 리오카보 봉Mt. Riocabo을 넘어 험한 산세를 경험할 수 있다.

따로 걸어오던 순례자들이 갈림길에서 정체를 빚는다. 문 군은 지체 없이 왼편에 시선을 두고 걸어간다. 몇몇은 산을 타겠다며 잠깐의 안녕을 고한다. 후드득 내리던 빗줄기가 '쏴아' 바뀌면서 거세진다. 각자 우의를 꺼내 입고, 비에 젖지 않게 배낭을 정비한다. 한 줄로 늘어선 순례자들을 보니 어디서 본 것 같은 익숙한 광경이다. 맞다, 군대 행군이다. 오스트레일리아 청년, 칠레 남매, 미국 부자, 그리고 스페인 형제 헬리오스와 하비가 문 군과 같은 루트를 걷는다.

오리비오 강의 물소리가 시원한 격려를 하는 산 크리스토보San Cristobo, 고대에 지어진 제방과 방앗간이 있다는 작은 마을에서 잠시 목을 축인다. 다른 순례자들은 아예 자리를 잡는 모양새다. 차 한 잔 마시고 느긋하게 가겠단다. 언제나 그렇다. 그들은 시간에 종속당하지 않는다. 누릴 수 있는 시간에 누릴 수 있는 곳에서 가능한 모든 것을 누리려 한다.

"오늘 못 가면 내일 도착하면 되니까요. 급할 거 뭐 있나요? 차 한잔 하고 가시죠?"

"아뇨, 고마워요. 전 빨리 가서 점심 먹고 천천히 마을이나 둘러보려고요."

늦은 점심때까지 도착하고 싶다는 문 군만이 홀로 계속 전진이다. 어찌 보면 그들의 선택은 탁월했다. 잠시 뒤 앞을 분간할 수 없을 정도로 비가 퍼부었으니까. 겨울 카미노 데 산티아고에서 이런 자비 없는 비는 처음이다. 돌아가기도 애매한 거리, 별수 없이 비를 쫄딱 맞으며 걷는다.

'힘든 길은 나를 강하게 할까, 좌절시키고 그냥 순응하게 할까?'

문 군은 이 길이 주는 물음을 곰곰이 생각해 본다. 우비는 아니지만 다행히 한기와 비로부터 보호해줄 두꺼운 겨울 코트로 무장하니 제법 안온한 차림새로 비를 피할 만한 곳까지 얼마간 버틴다.

스페인 역사에서 가장 오래된 사모스 베네딕트 수도원이 있는 사모스Samos에 도착한 건 오후 1시가 다 될 무렵이었다. 갈리시아 지방 향토의 냄새가 곳곳에 배어있는 이곳에서 하루를 머문다면 만종으로 시작되는 저녁 기도회에 참석하며 영혼의 안식을 꾀할 수 있다. 안개에 반쯤 가린 수도원 첨탑을 바라보며 상념에 잠겨있는 문 군에게 등 뒤에서 반가운 목소리가 들린다. 헬리오스와 하비다.

스페인 역사에서 가장 오래된 사모스 베네딕트 수도원.

"헤이 문, 뭐해?"

"오, 헬리오스. 수도원 구경 중이지. 이제 온 거야?"

"응, 우린 차만 마시고 바로 왔어. 배고팠거든. 여기서 점심 먹을 건데 넌 어떻게 할 거야?"

"보다시피 빵 좀 샀지."

"이런, 또 빵이야? 잘 먹어야 잘 걷지. 그러지 말고 우리랑 같이 점심 먹자. 산티아고 길을 걷는 기쁨 중에 하나가 지역 특산 음식을 먹는 건데, 안 그래? 내가 대접할 테니까 따라와."

"또?"

"내가 말했잖아. 우린 가족이라고. 자, 컴 온, 레츠 고!"

'저 친구들은 왜 다른 순례자들은 다 놔두고 나에게만 잘해줄까?'

항상 웃는 표정, 적극적인 태도, 건강한 사고, 그들의 행복의 원천이 무엇인지 문 군은 그것이 항상 궁금하다. 언제부턴가 두 친구의 얼굴만 봐도 문 군은 마냥 행복해진다. 그들

에게 어떤 행복이 있는 게 아니라 그들 자체가 행복이 아닐까? 호텔 레스토랑에서 먹는 갈리시아 지방의 해산물과 육즙이 살아있는 스테이크 요리가 셋을 황홀경 상태로 몰아넣는다.

"이 길에서 너희들을 만난 건 내겐 가장 큰 행운이야."

"아니지, 너를 기쁘게 할 기회를 얻은 우리가 행운이지."

"자, 우리의 만남을 위해 꿀주(천연 꿀이 담긴 술로 도수가 높다) 한 잔 들자고."

"콜라는?"

"아차, 그렇지! 여기 캔 콜라 하나요!"

"아니, 페트병으로 시켜야 좀 넉넉하게 마실 듯해."

"하하, 이런 콜라 귀신 같으니."

어스레해질 무렵 도착한 사리아는 잔뜩 비를 먹어 을씨년스럽고 눅눅한 분위기다. 일요일이라 대부분의 상가들이 문을 닫은 상태다. 다행히도 구시가지 중심가인 루아 마이오르Rua Maior의 언덕 위쪽에 위치한 식당 두어 곳이 텅 빈 테이블로 순례자들을 기다리고 있다. 레스토랑 인테리어는 스페인 시골 정취를 느낄 수 있어 익살스러웠지만, 누군가 그려 놓은 갈색톤의 순례자 벽화는 어찌나 사실주의로 그렸는지 쓸쓸하고 힘겨운 느낌을 준다.

"오늘은 제가 내겠어요. 다들 먹고 싶은 메뉴 고르세요."

먼저 도착해 있던 재희의 깜짝 발언이다. 내일이 그녀의 생일이란다. 겨울이라 내일 도착하는 작은 마을에서는 식당 사정이 여의치 않을 것이다. 그래서 미리 카미노 동지들에

게 한턱내고 싶단다. 그녀의 쿨한 발언과 동시에 훈훈해지는 테이블 분위기. 이런 역학 관계는 내 것을 내놓으면 내가 부족해지는 것이 아닌 모두가 풍성해진다는 발상의 전환으로 만들어지는 카미노의 정신이다.

일주일 전 문 군은 자신의 생일 때도 차이니즈 레스토랑에서 이런 정신을 실천하며 모두에게 행복을 선사한 적이 있다. 비록 거금의 지출로 인해 뒤에서 남몰래 눈물 두 방울 훔쳐야 했지만 산티아고 순례 중에 축하받는 생일은 어디에서도 느낄 수 없는 값진 추억으로 남게 된다. 카미노에서 생일 덕분에 축하받고, 축하해줄 수 있는 것도 드문 행운이다.

언제는 안 그랬을까 싶지마는 오늘은 특별히 더 한 사람 한 사람이 문 군에게 진한 감동을 준다. 깊은 통찰력을 안겨 준다. 무엇이 행복이고, 어떤 게 사람 사는 세상인지. 그들을 만난 것이 행운인 그는, 이제 자신이 어떻게 그들에게 행운이 될지 고민하기 시작한다. 공립 알베르게 숙소 이층침대 곳곳에서 탱크가 지나가고 폭격하는 소리가 들린다. 문 군도 머리 위까지 이불을 덮고는 긴 하루의 종식을 고한다.

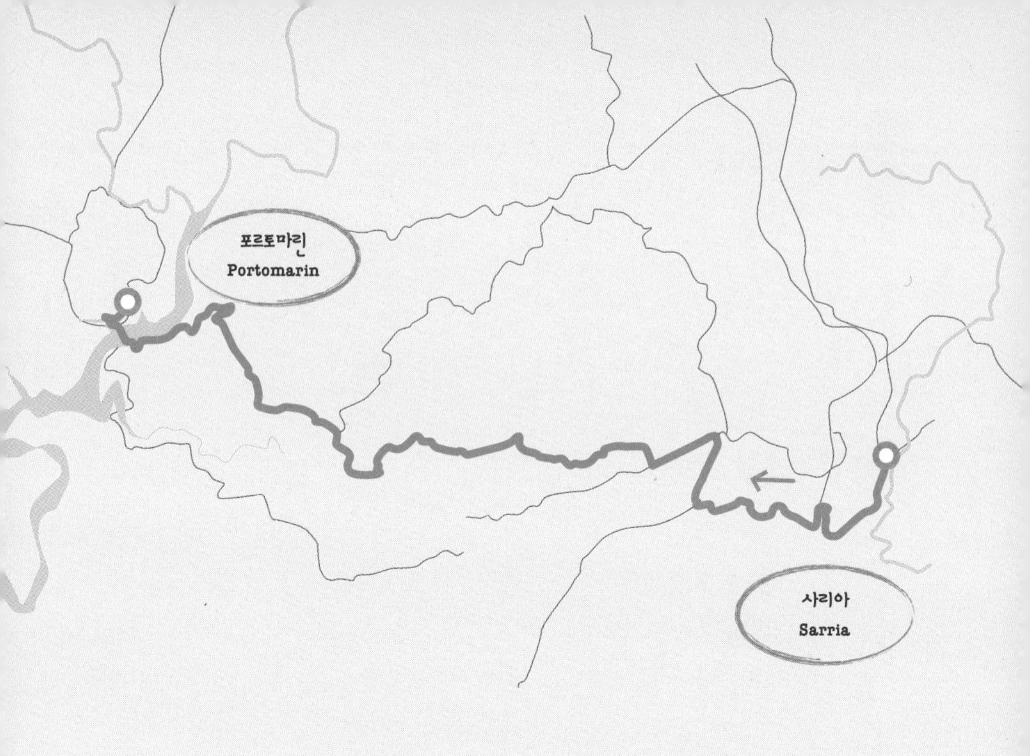

 사리아 → 포르토마린

카미노에 다시 온 건 기적이다

한 걸음 한 걸음이 위태롭다. 자꾸 한쪽으로 기울어지는 몸, 거친 숨을 몰아쉬는 안토니오의 옆에는 카미노에서 처음 만난 초로가 함께 한다. 너덜너덜해진 스페인풍 괴나리봇짐에 지팡이, 그리고 색 바랜 낡은 털모자. 뒷모습만 보면 탁발승이라도 불러도 손색없을 범상치 않은 행색이다. 그가 간간이 균형 잃은 안토니오를 부축한다.

20m쯤 떨어진 그들의 뒤, 문 군이 카미노에서 만난 가장 어린 순례자인 열다섯의 세바스찬이 혼자 걷고 있다. 어리지만 의젓한 풍채다. 보통은 혼자 사색하지만 때때로 어른들과 말도 섞을 줄 안다. 점심시간 무렵, 이번엔 세바스찬이 200m쯤 앞선 길에서 되돌아 온 길을 응시하며 카미노의 간이 벤치 주위를 서성거린다.

앞서거니 뒤서거니 세비스찬이 보폭을 조절하는 이유가 있다. 아버지 때문이다. 안토니오와 세바스찬은 부자지간이다. 세바스찬은 아버지가 순례를 즐길 수 있게 한 발짝 떨어진 곳에서 동행중이다. 자신과 함께 걸을 경우 아버지가 다른 순례자들과의 활발한 교제를 나누기 힘들까 봐 일부터 먼발치에서 동행하는 것이다. 둘은 사리아에 도착한 지난밤 문 군을 처음 만났다. 그리고 그들이 산티아고 길을 걷는 이유에 대해서 들려주었다.

"대학에서 스페인 문학을 가르치고 있을 때였어. 근데 어느 날 몸이 말을 듣지 않더라고. 그러다 바닥에 푹 고꾸라진 거야. 앞이 캄캄했지. 병원에 실려 가면서 느낌이 좋지 않았는데 아니나 다를까 검사 결과 뇌종양이더라고. 막막했어. 자식들이 한창 커가고 있는

데 어떻게 해야 할지 모르겠더라고. 세상의 모든 아버지가 그렇지 않겠어?"

"아빠가 쓰러졌을 때 참 많이 우울했어요. 다시는 함께 시간을 보내지 못할 수도 있다는 생각이 들었으니. 결과적으로 병이 많이 호전되어 몸은 다소 불편하지만 이 정도까지 건강해진 것만으로도 감사해요. 덕분에 부자 관계도 더 좋아졌어요. 대화가 더 많아졌거든요. 산티아고 길은 이번이 두 번째인데 엄마랑 동생은 집에 있고 우리 둘만 왔지요. 아빠가 꼭 한 번 더 걸어보고 싶다고 했거든요."

어느 정도 회복은 됐지만 여전히 환자로 살아가는 안토니오는 삶에 대한 겸허함을 깨닫고, 행복에 대한 정의를 새롭게 하고 있다.

"카미노에는 확실히 강한 메타포가 있어. '삶은 길'이라는 말도 있듯이. 그게 아마 내가 이 길을 걷는 영적인 이유가 될 거야. 진심이야. 지금 이렇게 걷는 것만으로도 감사해. 어제까지만 해도 나와 아무 상관 없던 자네와 이야기를 나누고 한 잔 커피를 즐길 줄 아는 이런 시간이 소중한 행복이란 걸 알게 됐어. 아주 사소한 일상의 것들이 알고 보니 내가 모르고 지냈던 충만한 기쁨이더라고. 진작에 이랬어야 했어. 세바스찬, 넌?"

"아빠 때문에 오긴 했지만 나도 이 길이 참 좋아요. 여긴 지구 상에 인종, 성별, 종교 및 나이를 고려하지 않고 누구나 친구가 될 수 있는 몇 안 되는 여행지예요. 그리고 아빠가 좋아하는 표정을 보면 내가 행복하니까 더없이 의미 있는 길이죠."

안토니오의 실루엣이 보인다. 초로의 팔을 잡고 힘겹게 걸어오는 모습이다. 세바스찬은 걱정이 되는지 얼른 아버지에게로 다가간다. 안토니오는 괜찮다고 손을 내젓다가 이내 왼손으로 아들의 팔을 잡는다. 양쪽에 든든한 조력자가 있으니 성치 못한 몸으로 걷는 이

길이 외롭지 않다. 단지 걷는 것만으로도 숨이 턱 밑까지 차오르지만 오늘 가장 행복한 미소가 꽃 핀 순례자가 바로 그임을 부정할 수 없다.

"아빠, 1km 후에 도로가 나와요. 택시 불러 놓을게요. 천천히 오세요."

부자는 모든 길을 다 걸을 수가 없다. 하루에 5km, 때론 10km를 걷다가 택시로 목적지에 미리 가서 쉬면서 순례자들을 기다리곤 한다. 컨디션 조절 때문에 택시 이용은 필수 불가결하다. 조금 더 걷겠다는 욕심을 버리는 자세로 조금 더 길 위에 머물 수 있는 행복을 선물 받는다. 걷지 않는다고 순례가 아닌가? 마음의 평화가 없으면 순례의 의미도 없다. 그가 다시 카미노로 돌아온 건 기적이다. 그렇기에 둘은 누구보다 깊은 치유로 점철된 산티아고 길을 걷고 있다.

다시 세바스찬이 앞서 나간다. 잠시 헤어지는 시간에도 손을 흔들어 살가운 부자 사랑을 표현한다. 안토니오는 초로를 의지했던 팔을 내리고 혼자서 천천히 걷기 시작한다. 위태로움에도 당당하고 아름다운 이 느낌은 뭔지 그와 보조를 맞추는 문 군의 가슴이 말없이 뜨거워진다.

"포르토마린Portomarin에 도착하면 술 한 잔 걸쳐야겠어."

"술은 몸에 좋지 않은데요?"

"내가 카미노를 걷는 이유 하나가 더 있지. 맛 좋은 포도주 마시러 왔어. 좋은 술이 좋은 인생을 만들어 내는 걸 모르시나?"

진정 소중한 것은 잃어봐야 비로소 그 진가가 확인된다. 대학교수로 사회적 성공을 거머쥔 안토니오에게서 들었던 향후 바람들 중에 재산, 명예, 권력 따위는 들어볼 수 없었

다. 가족, 건강, 이해, 관용 그리고 와인 등이 그가 강조하는 키워드였다. 그리고 카미노에서 맛보는 와인은 그가 기적을 즐기는 또 하나의 방법이었다.

어제까지만 해도 나와 아무 상관 없던 자네와 이야기를 나누고
한 잔 커피를 즐길 줄 아는 이런 시간이 소중한 행복이란 걸 알게 됐어.
아주 사소한 일상의 것들이 알고 보니 내가 모르고 지냈던 충만한 기쁨이더라고.
진작에 이랬어야 했어.

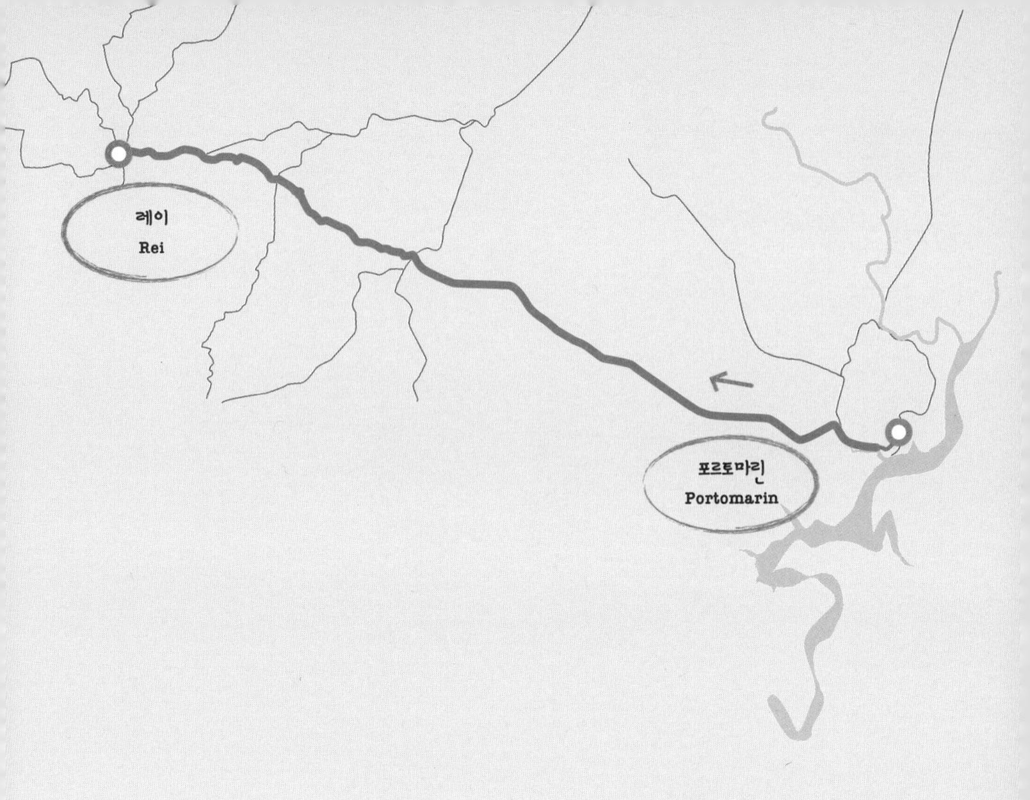

 포르토마린 → 레이

우리는 모두 블랙 몰리다

"좋은 날이야. 우리 먼저 갈 테니 천천히 와."

"오케이, 난 좀 천천히 걸을게. 오늘도 부엔 카미노!"

좀처럼 떨어질 줄 모르는 둘 사이다. 가까이 지내는 사이라 함께 여행을 다니면 다투거나 질릴 법도 한데 그럴 낌새는 도통 보이지 않는다. 무슨 할 말이 그렇게나 많은지 아침부터 재잘재잘, 밤까지 깔깔깔.

아, 둘이 의견이 달라 티격태격하던 걸 문 군은 딱 한 번 보긴 했다. 그나마도 '와이프가 참 예쁘고 사랑스럽다느니, 모르는 소리, 알고 보면 여동생이 우악스러운 성격이라느니' 하는 스웨터의 보푸라기만큼이나 가벼운 논쟁이다. 이러니 둘 사이에 끼어들 타이밍을 노리는 문 군은 이따금 질투마저 날 정도다. 순례 후반부, 문 군을 더없이 행복하게 만들어 주는 헬리오스와 하비다.

유쾌한 둘의 뒷모습이 숲길의 끝에서 소실점으로 사라진다. 계획대로라면 26km를 걷는 오늘, 오전엔 리곤데Ligonde 산맥을 넘고 오후엔 다시 한 번 로사리오 봉Alto Rosario을 넘어야 한다. 난폭한 예상이 심장을 거칠게 핥아댄다.

빵과 우유로 간단하게 아침을 챙겨선지 허기가 빨리 찾아온다. 허벅허벅한 사과 한 알로 시장기를 달랜 문 군은 다가올 고난에 대비해 근육을 긴장시킨다. 언제나 스위트 스폿sweet spot을 지향하는 카미노 루트에 대해 신뢰를 보내며, 아니 그런 카미노가 되게끔 갈

이 걸어 준 순례자들에 대한 믿음을 보이며 심장 엔진에 시동을 건다.

블랙 몰리black molly, 외로움을 심하게 타서 외로움이 포화 상태에 이르면 터져 죽는다는 물고기. 문 군은 자신이 블랙 몰리와 같은 처지는 아닐까 생각이 들 때가 있다. 지난 30년을 숨 가삐 내지르고 남은 건 질식할 것 같은 외로움이다. 지나온 길에 분명 많은 대화를 나눴는데 자세히 보니 모두들 입은 있고, 귀는 없었다. 다들 자신의 말만 내뱉는 건조한 마네킹들 같았다. 누구나 똑같이 겪는 일들인데 자신이 가장 힘들고, 슬프고, 짜증 나고, 대단하다는 누구의 노래처럼 결국 흔해 빠진 얘기들로 소통이 아닌 모여서 독백을 하는 것이다.

결국 내 안에 나만 있고, 다른 이가 없다. 공감이 없으니 외롭다. 사람들은 외롭다고 투정부리면서도 다시 그 외로움에 대한 불평만 쏟아낼 뿐이다. 그래서 카미노는 궤도 수정의 기회가 된다. 속도가 미덕인 디지털 시대에 문 군의 걸음은 아날로그처럼 곰실댄다. 꼭 비탈진 언덕 때문만은 아니다. 삶에 대한 성찰을 묵상의 자루에 담아 메면 달팽이 같은 속도가 나올 수밖에. 다른 이들의 이야기를 들으려면 걸음을 멈춰 세우는 수밖에.

점심 무렵이 되니 어깨와 발목이 시큰거린다. 마땅한 벤치가 보이지 않지만 개의치 않는다. 그는 나무 아래 흑자색의 부엽토 위에 그대로 주저앉는다. 시원한 바람에 땀을 씻어내며 쉬고 있을 무렵 한 무리의 아이들이 다가온다. 수학여행 온 학생들이다. 아이들은 배도는 법이 없다. 문 군 쪽으로 바투 앉아 사진을 찍는다. 누군가와 인사를 나누고, 대화를 하며 관계를 잇는 매듭을 만드는 것에 스스럼없는 표정들이다. 오히려 괜히 겸연쩍은 건 문 군이다. 누군가가 머금은 미소를 터트리며 생기발랄하게 다가와 주는 게 아직도 어색

하기만 하다.

로사리오 봉을 휘감아 지나는 길에 빼근한 피로를 느낀다. 가쁘게 더워 오는 호흡, 말아 쥔 주먹, 앙다문 입에 미간이 좁아지며 치유되던 영혼에 다시 부아가 치밀어 오르는 그때, 자전거 바퀴가 얼음 위를 지나듯 미끈하게 움직인다. 뒤를 보니 킥킥대며 밀어주는 악동들이 있다. 물론 킥킥거림은 채 3분도 안 되어 사라지지만 그 온기가 정상을 향해 거침없이 걸음을 떼는 동력이 되어 준다.

부탁하지도 않았는데 번갈아 밀어주는 다섯 명의 악동들 덕에 마침내 오른 정상, 학생들은 마치 자기 일처럼 기뻐하며 하이파이브를 나눈다. 침묵 속에 자연스레 한마음이 된 힐링 로드. 이렇게 또 그의 인생을 밀어주는 어린 순례자들을 통해 카미노의 한고비를 꺾어 넘는다. 차오르는 감사함, 공감이 있는 길, 외롭지 않은 순간이다.

시커먼 구름을 동반한 폭우가 쏟아지다가도 금방 개는 하늘, 겨울 날씨는 변덕스럽기만 하다. 늦은 오후, 삼삼오오 공립 알베르게에 도착한 순례자 중 일부는 다음 목적지까지 계속 이동한다. 레이Rei에는 문 군과 존 남매, 그리고 반가운 헬리오스와 하비가 처음 만난 다수의 순례자들과 함께 머문다. 보고 또 봐도 반가운 얼굴들이다.

저녁은 카미노 막내 진이 차린다. 카미노에선 딱딱 떨어지는 역할 분담이 없다. 무엇이든 자발적 섬김으로 모두의 행복이 추구된다. 추위로 볼이 빨개진 그녀는 카미노를 통해 말괄량이에서 몰라보게 부드러운 숙녀로 변화하고 있다. 오빠 존과 티격태격하던 초반과는 달리 지금은 서로를 챙겨주며 둘도 없는 사이로 돈독한 우애를 과시한다. 때론 무료하기만 한 카미노가 대화의 물꼬를 트게 해 서로의 생각을 들어볼 기회를 준 것이다.

치즈를 넉넉하게 뿌린 맛깔스러운 토마토 파스타가 나오고, 식기 전에 먹이고 싶은 진은 존부터 바삐 찾는다. 과묵한 오빠가 감탄을 금치 못하며 먹는 모습을 보자 보호본능이 발동했는지 자신의 그릇에서 면과 치즈를 덜어준다. 그 장면에 아빠 미소를 짓는 문 군 역시 맛나게 토마토 파스타를 먹다가 동치미 한 보시기를 그리워한다.

"문, 할 얘기가 있어."

헬리오스다. 샤워를 마치고 들어온 그와 뒤따라오던 하비 표정이 썩 밝지 않다.

"무슨 일인데?"

"음, 내일 너와 헤어져야 할 것 같아. 하비가 발목을 다쳤거든. 그냥 택시 타고 콤포스텔라를 찍고, 집으로 돌아가기로 했어."

"오, 제발. 끝까지 함께 가고 싶어. 하비는 많이 아픈 거야? 천천히 가면 안 되는 거야?"

"저녁 먹으면서 얘기 나눴는데 치료가 필요할 것 같아. 며칠 전에 접질렸는데 그간 참고 왔던 거야. 지금은 많이 부어올랐어. 어떡하지? 산티아고까지 너랑 가겠다는 약속을 지키지 못하게 됐네. 미안해."

오늘 아침까지 깊은 위로가 됐던 두 친구가 떠난다는 힘없는 말에 문 군은 체념을 위한 첫 단계로 가슴이 답답해져 온다. 하비는 멋진 남자다. 헬스로 탄탄해진 근육도 그렇지만 항상 다른 이를 먼저 챙겨주던 배려가 멋진 젠틀맨이다. 누구보다 강할 것이라고 생각한 그가 이렇게 이탈할 줄 문 군은 꿈에도 생각하지 못했다. 열이 있는지 하비는 일찌감치 침낭에 몸을 넣었고, 헬리오스가 대신 상황을 알려주며 미안함을 전하니 문 군도 표정이 어두워진다.

인생의 마지막이 될지 모를 우정 여행으로 온 이탈리아의 안젤로와 조르조 할아버지, 스페인의 순박한 시골 청년 앙헬과 다비드에 이어 또 한 번 멋진 카미노 친구와의 이별을 해야 한다. 모두 팔을 벌려 외로운 문 군을 따뜻하게 안아주던 이들이다. 같이 걷고, 같이 먹고, 같이 얘기하고, 같이 자고, 있는 모습 그대로 이해하고, 외롭지 않게 챙겨주던 친구들이다.

서운한 마음을 어떻게 달랠 길이 없는 문 군은 일찌감치 잠자리에 든다. 겨울 카미노 데 산티아고를 여기까지 올 수 있게 만들어 준 최고의 동행자들은 그에게 한결같이 말했었다.

"걱정하지 마. 네가 끝까지 완주하도록 우리가 도와줄게. 산티아고까지 함께 가자."

아이러니하게도 그런 그들이 모두 떠나가고 지금은 문 군 혼자 남아있다. 뒤척이며 좀

체 잠을 이루지 못하고 겨우 맞은 아침, 텅 빈 느낌에 옆을 보니 자리가 비어있다. 간밤에 혹시 몰라 작별 인사를 나누긴 했지만 아침에 마지막 인사를 한 번 더 나누고 싶었던 문 군이다. 시계를 보니 오전 7시, 둘은 약 20분 전에 떠났단다. 고단한 다른 순례자들에게 폐를 끼치지 않기 위해 조용히 나간 모양이다.

문 군은 자신의 가방 위에 놓인 쪽지를 발견했다.

"문, 만나서 반가웠어. 먼저 가게 되어 미안해. 너의 성공적인 완주를 바랄게. 페이스북으로 계속 연락하자. 부엔 카미노!"

그리고 칼이 놓여있었다. 지난밤 발목 부상으로 고생하다 늦게 도착한 하비는 허기져 있었고, 캔 따개가 없던 그는 날이 날카롭게 살아있는 질 좋은 군용칼을 이용해 참치 캔을 따고 있었다. 이때 지나가다 우연히 이 장면을 본 문 군이 무심코 한 마디 건넸었다.

"오, 칼 멋진데? 이렇게 잘 들 수가 있나? 캔이 그냥 찢어지네."

"그래? 그럼 이거 너 가질래? 나 집에 가면 또 있거든."

"아냐, 캔을 딸 일이 별로 없어서 괜찮아. 과일은 맥가이버 칼로 자르면 되고."

그는 정말 그냥 해 본 말이었다. 하나 하비는 그 말을 잊지 않고 있었다. 새벽에 떠나기 전 문 군의 배낭 위에 살짝 올려놓고 갔다. 카미노 친구를 향한 곡진한 마음이다. 칼을 보고 있자니 그저 고마움으로 시큰해지는 문 군의 눈가가 촉촉해진다. 겉옷도 걸치지 않은 채 신발을 구겨 신고 얼른 나가본다. 밖은 아직도 어둡다. 춥다. 길이 꺾이는 지점까지 가보았지만 둘의 모습은 이미 사라지고 없다. 그저 인사 한 번 더 하고 싶었는데.

헤어짐엔 익숙해도 슬픔은 길들여지지 않는다. 헤어지고 나서 먹먹한 그리움으로 남는

사람, 분명 좋은 사람이다. 헬리오스와 하비, 문 군에겐 참 좋은 카미노의 벗이었다. 터벅터벅 숙소로 돌아오던 문 군은 뭔지는 잘 모르겠지만 암튼 뭔가 큰 것을 상실했다는 느낌을 지울 수 없었다. 자신이 블랙 몰리라고 생각했는데 아직 안 죽은 걸 보니 그래도 이 길을 걸으며 생각만큼 외롭지는 않았나 보다. 동시대를 살아가는 또 다른 블랙 몰리일지 모를 헬리오스, 하비 때문이라고 그는 확신에 확신을 거듭한다.

 레이 → 아르수아

누구에게나 사랑은 어렵다

카미노에서 만나는 이들은 크게 부르주아 순례자와 프롤레타리아 순례자로 나뉜다. 전자는 하루 한 끼 이상 순례자 식단을 주문하며 가격보다 편의에 우선순위를 두어 알베르게를 선택한다. 후자는 대개 빵이나 간단한 먹을거리로 끼니를 해결하고, 저녁 식사는 웬만하면 재료를 구입해 직접 요리해 먹는다. 알베르게를 고르는 우선순위는 당연히 가격이다. 혹 무료 알베르게가 있다면 무리는 아닐까 하는 거리까지 불타는 집념으로 걸어간다.

문 군은 당연히 후자다. 오늘 루트의 절반을 갓 넘은 멜리데Melide까지 올 동안 그가 먹은 건 빵 쪼가리뿐. 이 지역 명물인 문어 요리로 충만한 미각의 기쁨을 누릴 만도 한데 끝까지 고집이다. IMF 파고에 혼쭐이 난 가난한 대학 새내기 시절부터 몸에 밴 절약정신은 어지간한 배고픔에도 배는 물로 채우고, 가슴은 꿈으로 채우는 회의적 낭만주의를 견지해 왔다. 그때부터였던 것 같다. 하루 한 끼에도 제법 잘 견디는 체질이란 걸 알았던 게. 그럼에도 엥겔계수는 속절없이 높다는 걸 깨달았던 게.

걸음을 재촉한 다른 순례자들은 이미 앞서 가 있는 상태다. 혼자 남은 문 군은 산 페드로 교회 맞은편에 위치한 빵집 간판을 힐끗 쳐다본다. '빵을 먹을까 말까, 먹는다면 어떤 걸 선택할까' 하는 시답잖은 고민만으로도 횡단보도 색깔이 몇 차례나 바뀐다. 결국 루비콘 강을 건넌 줄리어스 시저의 결연한 심정으로 보무도 당당하게 빵집 문을 열어젖힌다. 바깥과는 다르게 따뜻한 온기가 훅 끼친다. 순례자를 알아본 점원의 상냥한 물음에 그는

멜리데(Melide)의 산 페드로 교회, 이곳에서 빵 한 조각으로 허기를 달랬다.

긴장을 풀며 나지막하게 속삭인다.

"바게트 하나요."

"바게트 하나요?"

가청주파수를 훌쩍 넘는 친절함으로 주문을 확인하는 점원의 상냥한 태도가 문 군은 자못 당혹스럽다. 그리고 이어지는 질문,

"또 다른 건요?"

"아……. 없어요."

이럴 땐 꼭 크게도 들린다. 문 군은 괜히 민망하다. 그는 이제 갓 구워 나온 따끈따끈한 바게트를 두 손으로 넙죽 받아들고 교회 앞 스톤 벤치에 앉는다. 겨우 바게트 하나 먹는 문제로 내적 요란을 떨더니 추위에 바들바들 떨고, 빵가루까지 흘려가며 먹는 모습이 청승이다.

찬바람 맞은 바게트는 금세 타이어처럼 질기고 딱딱해졌다. 온갖 인상을 찌푸리며 송곳니로 갈기갈기 찢어 겨우 반쯤 억지로 배에 밀어 넣었을 때 한 영혼이 천근은 되어 보이

는 그림자를 끌고 지나가고 있었다. 가방을 보아하니 분명 순례자 차림인데 처음 보는 얼굴이다. 어쨌거나 반가운 순간, 문 군은 격려의 말을 인사로 갈음한다.

"부엔 카미노."

"아, 안녕하세요."

그저 인사 한 번 건넸을 뿐인데 처져 있던 어깨가 들썩, 흐려 있던 눈망울엔 생기가 돈다. 마치 누군가의 부름을 기다렸다는 듯 가던 걸음이 문 군 앞에 멈춰 움직일 줄 모른다. 다시 통성명을 나누고 찬찬히 훑어보니 겨울바람이 때리고 간 얼굴엔 지친 표정이 역력하다. 로이Loy, 스물다섯의 필리핀계 스위스 친구다. 이번이 두 번째 산티아고 순례로 작년에 중단한 레온부터 다시 여정을 시작하는 중이란다.

"좋아하는 여자애가 있어. 우린 둘 다 애니메이션에 관심이 많거든. 애니메이션에 관해 얘기하다 정이 들었지 뭐야. 물론 예쁘기도 하지. 그 친구는 아직 내 마음을 잘 몰라. 걘 필리핀에 살고 나는 스위스에 살잖아. 거리가 머니까 보고 싶을 땐 괴롭기도 해. 2년에 한 번 보는 것으로는 충분하지 않아. 가끔 스카이프(인터넷 전화)로 연락하는데 어떻게 관계를 발전시켜 나가야 할지 고민이야. 올여름에 필리핀에 갈 텐데 진지하게 대화해 보려고."

로이는 지갑 속에 고이 접어둔 사진을 꺼내 문 군에게 보여주었다. 사진 속엔 그보다 다섯 살 어린 여대생이 발랄한 표정으로 포즈를 취하고 있었다. 그는 사랑에 빠져 있다. 이십 대의 화두에 사랑이 빠지면 그게 무슨 인생의 재미인가. 하지만 너무 먼 거리 때문에 고민은 더욱 깊어간다.

"그녀 혼자 스위스로 오기는 힘들어. 이민을 올 수 있을 만큼 부유하지 않고, 온다 해도 할 일이 많지 않아. 더군다나 영어가 서투르니 제약이 많지. 그에 반해 난 가족 모두 스위스로 이민 왔지만 여차하면 내가 필리핀으로 갈 수 있어. 적응할 필요가 전혀 없으니까. 필리핀에서 애니메이션과 관련된 일로 먹고살 만하면 결심을 실행하는 건 문제가 안 될 거야."

그는 진지하다. 처음 만난 문 군에게 속말을 털어놓는다. 누군가의 얘기에 마음을 열고 귀를 쫑긋 세워주는 길, 카미노를 한 번 걸으면 수십 가지 인생을 경험하고 이해하게 된다. 좋아하는 숙녀가 있는 게 어디냐며, 자신은 서른이 넘도록 기댈 마음 하나 없는 외로운 솔로란 문 군의 푸념 섞인 한 마디에 살짝 놀란 로이가 위로한다. 그리고 더 이상 사랑 얘긴 스톱.

작은 마을 보엔테Boente에 도착한 건 오후 2시가 넘어서였다. 아직 점심을 먹지 못한 로이를 위해 문 군이 작은 카페로 인도한다. 순례를 하며 받기만 한 사랑, 나눌 수 있는 기회가 생겼으니 발걸음이 가볍다. 바에 들어가자마자 거침이 없는 문 군, 로이를 위해 케이크와 콜라를, 자신을 위해 콜라를 주문한다.

"오, 문! 나 레온 이후 처음으로 맛보는 콜라야! 정말 마시고 싶었다고!"

GREL
PARA
CUN

milia

“그 심정 내가 잘 알지. 세상에서 제일 쩨쩨한 게 목말라 죽겠는데 옆에서 혼자만 콜라 마시는 거거든. 콜라 없었음 카미노고 뭐고 다 때려치웠을지 몰라. 고단함을 풀어주기 위해 마시는 포도주? 아니지, 새 힘, 새 느낌을 공급하는 청량감은 콜라밖에 줄 수 없거든. 로이, 목 타면 한 캔 더 따도 돼.”

영혼을 위로하는 마법의 음료로 목을 축이고 잠시 산티아고 교회에 들어갔다. 가톨릭 신자인 로이도 따라 들어와 기도하며 안식을 얻는다. 별 뜻 없이 떠들어 본 방명록엔 앞서 간 반가운 글이 보인다.

“나 지나감. 얼른 오삼. 돈가스 해 놓고 있겠음.”

오호, 평소에도 맏언니처럼 순례자들을 잘 챙기던 재희가 반가운 메시지를 남겨두고 간 모양이다. 그녀는 뒤따라오던 순례자가 이 글을 읽으리란 걸 어떻게 확신했을까?

로이네 가족은 아버지와 어머니를 비롯해 형까지 모두 간호사다. 필리핀 월급과 비교하면 수십 배를 더 받는 까닭에 다른 생각을 해 본 적이 없단다. 로이는 다르다. 그는 애니메이션이란 장르를 통해 다른 꿈을 꾼다. 낯설고 물설은 땅에 와서 끊임없이 진로를 고민하는 건 이민 1.5세대들이 겪는 공통된 성장통이다. 카미노는 그에게 던져진 질문에 어떻게 반응해 주고 있을까?

“레온부터 여기까지 혼자 걸어왔어. 알베르게에서 매일 혼자 잤지. 먹는 것도, 자는 것도 혼자다 보니 외롭더라고. 춥기는 또 얼마나 춥던지. 가끔은 너무 무서워서 불 켜고 자기도 했다니깐. 그때 그런 생각이 들더라고. 만약 내가 하려는 일이 스스로 고립된다면 큰 의미가 없을 것 같다는 생각. 내가 애니메이션을 하려는 이유는 소통을 위한 거지 나 혼자만

의 만족을 위해서가 아니야. 애니메이션은 큰 장점이 있어. 음악, 그림, 컴퓨터 등의 장르와 자유롭게 결합해 독창적인 메시지를 만들어낼 수 있지. 각 분야 전문가가 같이 만들어내는 종합 예술 작품이 바로 애니메이션이거든. 그걸 만들어 웹에 올렸을 때 사람들의 공감을 얻으면 정말 뿌듯해지지. 카미노에서 영감을 얻고 싶어. 생각하는 것들 중에 확실하게 정해진 것이 없어. 뭔가 확신을 얻을 계기가 필요해. 작년에 중도에 그만둔 이 길을 다시 찾은 이유지. 그나저나 작년엔 순례자들을 제법 많이 만났는데 말이야. 네가 이번 카미노에서 만난 첫 카미노 친구네. 쑥스럽군."

오늘 목적지인 아르수아Arzua에 도착할 때까지 둘의 대화가 끊이지 않는다. 들려줘야 할 얘기가 많고, 들어줘야 할 얘기가 많다. 해님만 알아채고, 달님만 몰래 엿들을 만한 비밀도 서슴없이 나눈다. 물리적 생활권이 겹치지 않고, 새어나갈 염려가 없다. 오늘 깊은 정을 나누고 내일은 무엇도 기억하지 않을 테니까. 가끔 성기는 타이밍엔 낙엽 밟는 소리가 단단하게 여며준다. 첫 만남에 마음이 통하는 건 단지 같은 아시아인이어서 뿐만은 아닐 것이다.

"와, 초대해 주셔서 감사합니다."

재희는 정말로 돈가스를 튀겨 놓고 있었다. 덕분에 로이는 산티아고 두 번째 순례 중에 처음으로 다른 이들과 함께 식사를 한다. 정말 외로웠었나 보다. 식사보다 한 마디 관심 어린 질문에 활기차게 반응한다. 순례자들은 새롭게 합류한 로이를 카미노 동지로 기탄없이 환영한다. 함께 걷지만 혼자 걷고, 혼자 걷지만 함께 걷고 있는 이 길에서 다들 외롭고, 외로운 이들끼리 서로 위로하고, 그러면서 한 달을 버티어 오고 있다. 로이는 마지막 친구

가 될 것이다.

식사 후 샤워를 마친 로이가 문 군 옆 침대에 눕는다. 불 꺼진 숙소, 두 남자의 속삭임.

"처음으로 사람들과 함께 식사를 했어. 처음으로 사람들과 함께 잠을 자네? 고맙다."

"나한테 고마워할 이유가 있어? 그냥 만난 건데 뭘."

"아니 그냥, 고마워. 모든 것이 고마워. 너도, 오늘 만난 사람들도, 지금 이 순간도……."

생각해 보면 문 군도 모든 것이 고맙다. 로이가 고맙다는 말을 하니 더욱더 고맙다. 고마움을 잊지 않고 걸어가고 있어서 또 고맙다. 고마운 걸 생각하니 괜히 뭉클하다. 단 하나 고맙지 않은 건, 이 고마움을 곧 끝내야 한다는 것. 별을 보며 산티아고 데 콤포스텔라를 향해 걸어온 길이 이제 얼마 남지 않았다.

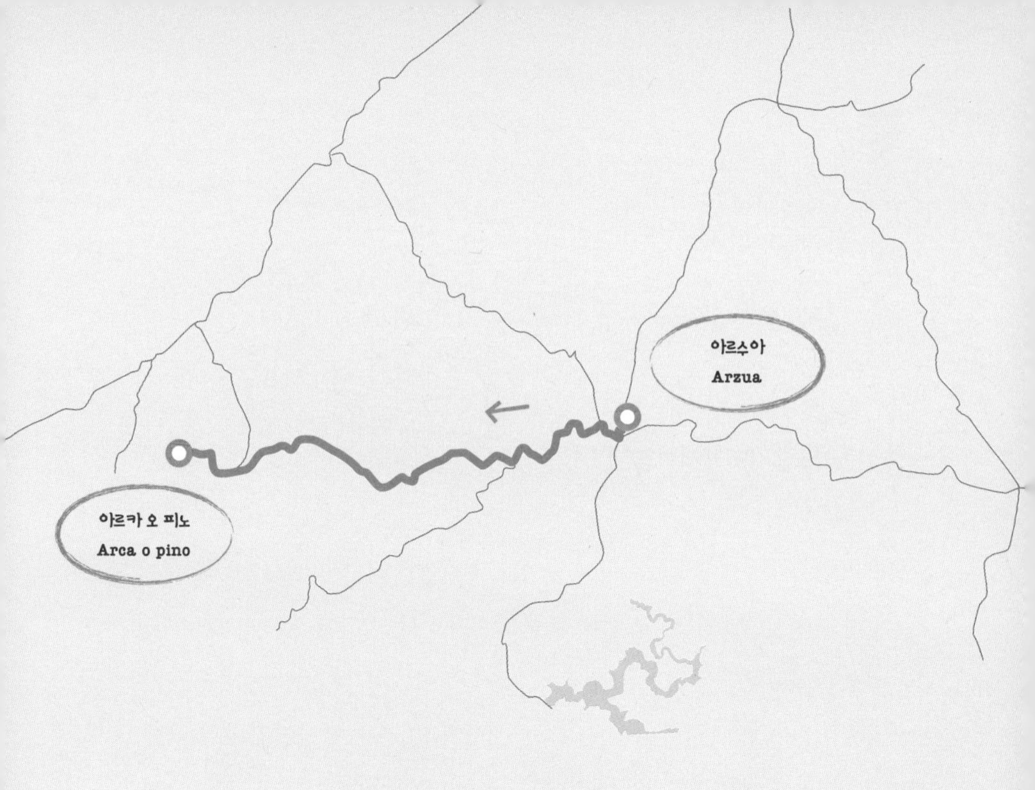

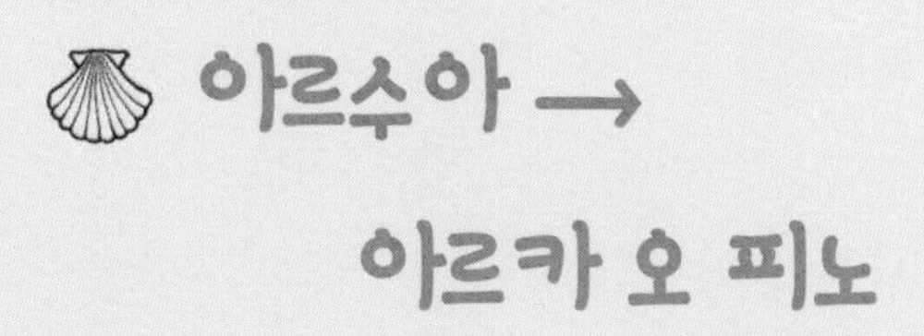

아르수아 → 아르카 오 피노

서두르면 서운해지는 길에서 느장이 미덕

'벌써 카미노의 아침이 밝는구나. 나는 아직 그리움에 파묻혀 있는데…….'

옆 침대 시트 부스럭거리는 소리에 문 군도 잠이 깬다. 밤새껏 밀어낸 그리움은 아침이면 어김없이 이불 속을 파고들어 와 자신을 꼭 안고 있는 걸 본다. 그는 언제부턴가 아무리 두꺼운 이불이라도 민숭민숭한 순례자의 마음까지는 따뜻하게 덮지 못한다는 걸 눈치채버렸다. 아침에 눈을 뜨자마자 바로 어제 걸었던 길이 오랜 추억처럼 그립고, 첫걸음을 내딛던 기억이 어제 일처럼 선명해 슬퍼지려 한다.

문 군은 현대사회의 별다를 것 없는 표준 군상 중 하나일 뿐이다. 그는 그간 옆 사람들과 마찬가지로 이기심을 건류시켜 무관심의 장막을 쳐놓았었다. 자신을 위해, 성공을 위해 술덤벙물덤벙하던 그땐 몰랐다. 정작 내가 필요로 할 땐 그 너머와 소통할 수 없다는 사실을. 태엽을 되돌리고 또 되돌려 단 1년만 뒤로 돌아갈 수 있다면 그는 지금보다 조금은 후회가 덜할지 모른다고 생각한다. 이해의 힘을, 배려의 기쁨을 알게 해준 카미노가 벌써 끝난다니 서운함이 부걱부걱 인다.

산티아고 순례 갈무리를 앞둔 루트, 짙은 녹음으로 상쾌함을 선사하는 유칼립투스 나무들이 장엄한 자태로 세월을 잊고 서 있다. 오래도록 순례자 행렬을 괴어보며 비 올 때나 눈 올 때, 바람이 불 때나 더위가 기승을 부릴 때 언제든지 말없이 영혼들의 안식처가 되어주고 있는 원군들이다.

사람도 그렇다. 이번에야말로 진짜 죽을 것만 같은 숱한 상황이 닥쳐옴에도 매번 또다시 꿈을 꾸고, 사랑을 하며 잘 살아간다. 누구에게나 무관심의 장막을 넘어 전해지는 어떤 기적과도 같은 사랑이 있었기 때문이다. 아무리 내가 밀어내도 내게 다가와 사랑을 속삭여 주던 이들, 문 군은 그 고마움을 여태 잊고 지냈다. 그래서인지 무명의 순례자가 유칼립투스 나무에 그린 'You are my sunshine'이란 재치 있는 문구가 뒤통수를 가볍게 치며 퍽 흥미로운 인상을 준다.

분명 21C 최첨단 시대를 사는 영혼들이다. 그런데 단지 걷고, 생각하는 선사 시대로의 회귀에 대해 깊은 의미를 둔다. 오래된 진리들을 새롭게 풀어내는 존재의 무거움과 본능에 대한 즉각적인 반응에 깔깔거리는 존재의 가벼움이 양립한다. 그런 철학적 상념에 깊이 빠져들어 걷다가도 콜라 로고가 그려진 입간판만은 절대 놓치지 않고서 가게 안으로

의식 없이 빨려 들어가는 본능이란! 문 군은 피식 웃는다. 비록 일개 순례자에 지나지 않는 영혼들이지만 함께 걸으면 기쁨이 꽃피고, 함께 먹으면 낙원 문이 열리는 것을 본다. 복사열 하나 없는 겨울 길이 따뜻하다. 겨울 카미노 데 산티아고의 치명적인 매력이다.

가볍게 차 한 잔, 콜라 한 캔 마시러 들어온 이름 없는 가게다. 그런데 벌써 두 시간 째 머물러 있다. 다들 나갈 생각을 않는다. 아침부터 서두르면 하루 만에 산티아고에 입성할 수 있는 거리다. 그런데 미동도 하지 않는다. 서두르면 서운한 길이다. 문 군도 그렇다. 말하지 않아도 안다. 아침 등교 시간의 쪽잠, 입안에서 녹고 있는 초콜릿, 산티아고의 마지막 길은 모두 오래 지속되었으면 하는 행복이라는 것을. 누군가 트럼프 카드를 꺼낸다. 게임이 시작된다. 은근히 다행이란 표정들을 곳곳에서 읽을 수 있다.

"무~운!"

안토니오다. 택시에서 내려 절뚝거리는 걸음으로 문 군을 부른다. 몸은 괜찮은지 묻는 문 군의 물음에 호흡 한 번 크게 거르더니 아들이 도착할 때까지 차나 한잔 하자며 미소를 띤다. 세바스찬의 안부를 묻는 말엔 녀석은 한 시간 거리쯤 뒤에서 걸어오고 있다며 자기 일 아니라는 듯 무심히 답하고는 문 군의 취향을 존중해 차 한 잔과 콜라 한 캔을 주문한다.

"오늘 다들 산티아고까지 가겠지? 너도? 음, 난 어제부터 생각해 봤는데 오늘은 여기서 멈추기로 했어. 오늘 바로 끝내버리기엔 많이 아쉬워. 일정을 하루 미루고, 오늘은 아들이랑 함께 수영장 딸린 숙소에서 아무것도 하지 않고 휴식을 즐길 거야. 미국으로 돌아가면 아들과의 이런 기회가 언제 또 올지 모르잖아."

그 마음 공감하지 않을 수 없다. 감출 수 없는 병색에도 그의 웃음만은 건강해 보인다. 라디에이터 옆에서 언 몸을 녹이고 있을 때 연이어 들어오는 순례자들이 테이블에 합세한다.

"나도 안토니오와 같은 생각이야. 천천히 걸었다고 생각했는데, 모르겠어. 너무 빨리 와버린 것 같아. 아무것도 구속받지 않고 걷는 게 목표였는데 생각해 보니 도착일을 미리 정해놓고 있었더라고. 도착일에 구속되어버린 거야. 나도 그 알베르게에서 하루 쉬어야겠어."

칠레에서 온 알렉산드리아가 안토니오의 생각에 전적으로 동의한다. 미국에서 온 안드레가 말을 이어받는다.

"그럴까? 굳이 서두를 필요 없겠지? 나도 카미노에서 하루 정돈 더 머물러도 좋다는 생

각이야. 어차피 산티아고에 도착하면 한 이틀 푹 쉬고 돌아가려고 했는데, 하루만 쉬어도 충분할 것 같아. 문, 넌?"

"나? 난 뭐 끝까지 가야지. 옵션이 하도 많아서 아직 갈피를 못 잡겠어."

"무슨 옵션?"

"산티아고에 도착하면 대서양이 보이는 피스테라까지 사흘을 더 걸어가서 대장정을 마무리할 건지, 아니면 새롭게 포르투갈 카미노를 걸어갈 건지, 그도 아니면 이제 다시 자전거 타고 마드리드를 거쳐 동유럽으로 루트를 바꾸던지."

"생각이 많으면 후회하게 되어 있어. 가장 하고 싶은 걸 해 봐."

"다 해보고 싶어."

"흠, 난감한 친구로군."

아직 안드레 찻잔에서 김이 피어오를 때다. 누군가 카페 문을 열고 터덜터덜 들어온다. 시선이 한데 모이고, 안토니오가 반색한다.

"세바스찬, 차 한잔 해!"

테이블에선 문 군 혼자 일어난다. 깔깔대는 이야기가 한창인 그들과 작별 인사를 건넨다. 며칠 밖에 같이 걷지 않았지만 헤어짐은 항상 안구를 건조하게 만든다. 다만 마지막 종주를 같이 할 몇몇 동지들이 있는 것으로 위안 삼는다.

카미노의 태양이 내려와 순례자의 그림자를 길게 만든다. 구름은 거처 없이 떠돌고, 겨울바람 한 점이 벼락같이 입을 맞추고는 도망간다. 산타 이레네 언덕의 숲은 뙤록뙤록 걷던 청년부터 파파노인까지 할딱거리던 숨을 자비롭게 이완시켜 준다. 파슬파슬해진 진흙

이 신발에서부터 떨어질 무렵 마침내 소음과 먼지로 자욱한 회색 도시에 들어온다. 문 군은 아주 잠시 초조해지는 걸 느낀다. 소중한 것을 상실한 것 같은 어떤 느낌 때문이다. 더는 다음을 기약할 수 없는 마지막까지 떠밀려온 느낌 때문이다.

의견은 많지만 정작 이해가 없는 세상에 있다가 이해가 선행되는 세상에 온 건 문 군에겐 가히 충격이다. 또한 그는 이 길을 통해 배려의 결여로 삼는 자기 준거가 얼마나 앙상하고, 위태로운지를 뼈저리게 느끼고 있다. 아르카의 공립 알베르게엔 지금까지 가장 많은 순례자들이 모여 있다. 이들은 예까지 걸어오는 동안 가슴에만 품었던 이해와 배려라는 두 단어를 모든 기관으로 내비쳤을 것이다. 묘한 동질감에 서로 눈만 마주쳐도 미소가 머금어진다.

다른 것보다 문 군의 마음을 만져주는 건 알베르게 방명록이다. 가볍게 쓴 글귀에도 거기엔 한 달 동안의 경험과 생각이 오롯이 응집되어 있다. 한 줄 한 줄이 아포리즘이다. 순례자들의 짤막한 일기는 마치 개성 강한 타일 한 장과도 같다. 한 권을 다 읽고 나면 묘하게 통한다. 그리고 고귀한 인생의 모자이크가 보인다. 도저한 감동이 있다. '예수는 버리려고만 하고, 우리는 구하려고만 한다'는 문장에선 진솔한 자기반성의 극치를 본다.

> '흡사히 몽유병 환자와 같이 기묘하게 자신의 껍질 속에만 들어박혀 있던 나의 생활 속에, 바야흐로 새로운 형상이 이루어져 왔다. 삶에 대한 동경이 나의 내부에서 개화된 것이다.'
>
> 헤르만 헤세 『데미안』 제5장

좋아하는 구절을 카피해 놓은 문 군도 한 줄 남겨본다. 밤이 깊고, 체력이 다했다. 왁자지껄한 알베르게의 수다를 통해 여행의 세금과도 같은 외로움을 꼭 참아보기로 한다. 그렇지 않으면 도무지 내일 길을 감사함으로 걸을 용기가 나질 않을 것이다.

'벌써 카미노의 하루가 저무는구나. 나는 아직 달뜬 상태로 환상 속을 걷고 있는데…….'

때론 여러 이유로 모질게 냉정한 세상이다. 그 질식할 것 같은 현실에 맞설 수 있는 힘은 상상에 있다. 그 상상의 힘이 이곳까지 이르게 했다. 그래서 카미노를 걸었던 시간만큼은 세상이 따뜻하게 안아주더라고 문 군은 기억하려 한다. 상상보다 위대한 여정이었다. 하루 남았다.

아르카 오 피노 → 산티아고 데 콤포스텔라

내 사랑이 가장 아름다웠다

어느 때보다 걷는 것이 애틋한 시간이다. 아르카 오 피노Arca o pino를 벗어난 길, 유칼립투스 숲은 오전 내내 신선한 공기를 뿌려준다. 이어지는 고소 산Monte Gozo을 넘으면 마침내 5km 떨어진 산티아고 시내가 보이고 본격적인 아스팔트가 펼쳐진다. 산 마르코스San Marcos에서 바라본 산티아고는 '끝'을 사색해야 하는 순례자를 흥분시키는 동시에 진한 아쉬움을 준다.

도시로 진입한 지 한 시간여. 시간과 공간으로부터 자유로웠던 시골 카미노의 나른한 걷기가 사색의 힘이 되었다면, 규칙과 질서의 구속 아래 편리함을 도모하는 도시 보도의 바쁜 걷기는 전투의 장이 된다. 사람을 만나고, 양 떼를 만났던 길이 사람을 피하고, 차를 피해야 하는 길로 변했을 때 순례자의 눈은 초점을 잃고, 걸음은 방황한다.

그래도 끝까지 가슴을 뛰게 만드는 목표가 있었으니 그것은 바로 산티아고 데 콤포스텔라 대성당. 카미노의 주인공에서 도시의 이방인으로 인식의 전환을 맞는 문 군의 머릿속이 정리되지 않는다.

'마침'은 기쁨이 되어야 할까, 슬픔이 되어야 할까? 그 감정을 아직은 선택할 수 없다. 도시 골목, 골목을 돌아 마침내 산티아고 대성당에 도착한 그 때, 별을 따라 32일 동안 순례하며 외로움 속에서 발견한 삶의 경이와 감사가 충만한 바로 그 때, 한 남자의 외침에 문 군은 비로소 '마침'을 기쁨이라고 받아들이며 마음껏 감격하기로 한다. 앙헬이니까!

"여행을 위하여 지팡이 외에는 양식이나 주머니나 전대의 돈이나 아무것도 가지지 말며 신만 신고 두 벌 옷도 입지 말라"

- 마가복음 6장 8~9절

“세상에, 문! 나 정말 너 오기만을 기다리고 있었어. 반가워.”

순례 첫날부터 중후반까지 함께 서로의 길에 벗이 되어 주었던 그는 며칠 전부터 혼자 앞서 가 미리 도착해 기다리고 있던 터였다. 산티아고에 도착하면 바로 떠나지 않고 문 군을 꼭 기다리고 있을 거란 그 약속, 착한 앙헬은 결코 빈말이 아니었다. 둘은 감격스러워 했고, 앙헬을 애틋하게 추억하는 재희와, 존과 진 남매도 함께 격한 반가움을 표현했다. 같은 날 카미노의 첫걸음을 뗐던 순례자들 중에 이들 절반만이 길의 끝에서 다시 재회한 것이다. 함부로 표현할 수 없는, 코끝이 시큰해지는 묘한 감동이다.

‘어라?’

애와 어른, 남녀를 가릴 것 없이 각국에서 모여든 친구들의 눈가가 촉촉하다. 그중에 단연 압권은 190cm에 육박하는 유럽 사나이들의 연약한 눈물이다. 빙긋 웃는 문 군도 사실 가슴이 먹먹해 혼날 지경이다. 대성당 앞 광장은 흥분과 감격의 도가니로 서로 안고, 춤을 추고, 노래한다. 내일이면 다시 돌아오지 않을 생애 특별한 순간을 함께 나눈다. 다들 자신만의 세리머니를 펼치며 정신없어 들떠 있을 때였다. 문 군이 나선다.

“자자, 모두 이리 모입시다! 여기 처음부터 같이 걸어온 순례자들도 있고, 오늘 처음 만난 순례자들도 있는데, 어쨌거나 이렇게 반갑게 모였으니 사진 한 방 찍읍시다.”

제안을 한 문 군이 감격의 환호성을 지르는 순례자들의 단체 사진을 찍고, 다신 돌아올 수 없을지 모를 이 순간을 기억하기 위한 흔적을 기록한다. 광장에 모이긴 했지만 모두 목적 없이 표류하는 인간 군상이다. 다들 쉼을 핑계로 뭘 해야 할지, 어떻게 해야 할지 갈피를 잡지 못한 채 길이 끝난 곳에서 몹시도 어색해하고 있다. 누구는 완주한 대가로 증명서

를 받으러 간다고도 하고, 누구는 배고프니 식사하러 간다고도 한다. 다들 뭔가를 한다고 말을 하면서도 쉬이 헤어지지 못하고 있다. 그저 산티아고 대성당이 주는 거룩한 의미를 나름대로 제 상황에 맞게 해석하며 그 자리에서 서성일 뿐이다.

왜 울까? 왜 사나이 가슴을 울리느냔 말이다. 왜 유럽에서 온 덩치 큰 사내자식의 망울진 시선이 산티아고 대성당에 멍하게 꽂혀 있느냔 말이다. 왜 첫 만남에 샴푸 좀 빌려달라는 말에 대머리를 들이밀며 미안하다고 했던 앙헬 눈동자가 빨개지느냔 말이다. 왜 오늘 생전 처음 보는 사람과 뜨겁게 포옹하며 만나자마자 이별을 얘기해야 하냔 말이다. 왜 다들 가겠다는 장소로 발걸음을 쉬이 떼지 못하고 이별의 난처함을 그저 서성거림으로만 표현하느냔 말이다. 왜 환희의 기쁨이 깊은 한숨으로 치환되어야만 하느냔 말이다.

참으로 거룩했다. 더없이 행복했다. 걸음을 섞고, 마음을 섞어 날마다 웃음이 끊이지 않

았던 카미노의 축복이 벌써 아련해진다. 겨울 카미노에서 만난 순례자들이 배려의 선순환으로 완주했음이 기적이다. 동서양 가릴 것 없이 겸손한 인격들을 통해 단 한 번도 마음 다치지 않고 완주했음이 기적이다. 이런 기적이 상식이 되는 길이 바로 산티아고 순례길이다. 이해와 배려가 충만했던 시간들은 문명의 삶으로 회귀해야만 하는 이들에게 삶의 회로를 바꿀 것을 종용한다. 문 군에게 카미노 데 산티아고는 모든 것이 사랑이었고, 모든 것으로부터의 감사였다.

산티아고 가는 길의 별은 순례자의 가슴에 꿈을 던지고, 순례자는 그 꿈에 생애를 던진다. 오랫동안 대성당의 첨탑을 바라보던 문 군은 카미노를 걸으며 내 안에 감춰둔 보석 같은 꿈을 명백히 확인했음을 확신했다. 어느 날보다 맑게 시린 겨울 하늘이다. 순례자들이 하나둘 흩어지고, 얼마 후 생각을 마친 문 군도 어디론가 걷기 시작한다. 서쪽 하늘의 별을 따라 걸어왔던 청춘의 날카로운 추억을 동력으로 삼은 걸음이다. 산티아고 순례의 종점이자 시작점에서 그가 남긴 마지막 독백은 하늘만 몰래 듣고 있었다.

'진심이야. 내 사랑이 가장 아름다웠어…….'

초판 1쇄 발행일 2014년 2월 4일

지은이 문종성
펴낸이 박영희
편집 배정옥·유태선
디자인 김미령·박희경
인쇄·제본 에이피프린팅
펴낸곳 도서출판 어문학사
서울특별시 도봉구 쌍문동 523-21 나너울 카운티 1층
대표전화: 02-998-0094/편집부1: 02-998-2267, 편집부2: 02-998-2269
홈페이지: www.amhbook.com
트위터: @with_amhbook
블로그: 네이버 http://blog.naver.com/amhbook
다음 http://blog.daum.net/amhbook
e-mail: am@amhbook.com
등록: 2004년 4월 6일 제7-276호

ISBN 978-89-6184-324-9 03980
정가 15,000원

이 도서의 국립중앙도서관 출판시도서목록(CIP)은 e-CIP홈페이지(http://www.nl.go.kr/ecip)와
국가자료공동목록시스템(http://www.nl.go.kr/kolisnet)에서 이용하실 수 있습니다.
(CIP제어번호: CIP2014001864)